체형관리학

체형관리학

정한조 이해영 임미라 임희정 문기복 송숙현 공저

구민사
Technology Computer
www.kuhminsa.co.kr

CONTENTS

서문

현대사회의 발전은 문화적, 사회적, 경제적으로 많은 사람들에게 풍요와 편리함을 제공하게 되었다. 그러나 현대의 생활은 신체 활동 범위의 요구가 줄어들었고 점점 시간적 공간적 여유를 누릴 수 없는 환경으로 변하여 운동부족이 되었으며 또한 스트레스, 환경오염, 인스턴트식품 섭취로 인체에 부정적인 영향을 미치고 있다.

인간은 중력에 저항하며 두발로 걷고 있고 척주라는 하나의 기둥으로 중심을 잡아 가며 살아가고 있다. 척주가 중심을 잡으려고 주변의 근육과 인대, 힘줄 등이 수축을 하며 버티고 있고 이들의 형태 유지를 위해 그것들을 감싸고 있는 막이 있다.

척추가 중심을 잡을 때 주변의 것들이 수축 운동을 통해 버티고 있는데 오랜 시간 동안 한 자세로 있으면 한쪽의 근육이 스트레스를 못 이겨 기울어지게 된다. 또 다른 한쪽은 늘어나게 되어 수축 운동의 기능을 서서히 잃게 되어 체형에 변화가 생기게 된다. 체형에 변화가 생기면 외관상의 문제 뿐 아니라 질환으로도 이어져 건강까지 적신호를 주게 된다.

이에 따라서 현대인들은 생활수준의 향상과 사회적 분위기에 더불어 건강과 외모에 대한 의식과 관심이 높아지고 건강하고 아름다운 삶을 영위하기 위해 많은 관심과 노력을 지속적으로 기울이고 있으나 체계화된 맞춤관리를 받는 것은 쉽지 않은 것이 현실이다. 이때 체형관리사는 수술 없이 인체를 중력과 수기, 도구 등을 활용하여 중심으로 바로 잡고, 정확한 체형분석을 통하여 이들의 문제점을 발견하고 운동, 영양, 수기 등을 동원하여 틀어진 체형을 바로 잡는데 기여한다. 이것이 체형관리사가 하는 역할인 것이다.

본서는 전문적인 미용인 양성을 위하여 체형에 따른 전반적인 기본 이론과 체형에 적합한 관리방법을 제시하였고 이를 돕기 위해 그림 및 사진을 수록하여 구성하였다.

따라서 체형관리에 관심을 갖고 공부하는 학생 및 이 분야에 종사하는 사람들과 자기 건강을 스스로 지키는 분들에게 많은 도움이 되었으면 하는 바램이다.

저자들의 다양한 임상과 연구를 바탕으로 집필에 최선을 다하여 노력하였음에도 불구하고 부족함과 아쉬움이 남는다. 이러한 부분들은 추후 연구 보안하여 더욱 유익한 책을 출간할 것을 약속 드리며 끝으로 본서의 출판을 위해 많은 도움을 주신 도서출판 구민사 가족 여러분께 깊은 감사를 드립니다.

2013. 07

저자일동

체형관리사 자격 안내

1. 체형관리사란?

체형관리사는 정확한 체형분석과 전문적인 상담을 통하여 그에 따른 적절한 관리방법을 계획하고 관리하는 일을 담당한다.

체형관리사로서 구체적인 역할은 고객의 요구를 합리적으로 적용시키고 신체의 이상 유무를 파악하여 고객의 신체균형 상태가 어떠한지를 정확하게 측정하고, 고객에게 적합한 운동과 영양을 고려한 식이요법 관리 및 자가 관리, 마인드 콘트롤 등의 프로그램을 설계한다. 이는 잘못된 생활습관이나 근육의 경직 등 다양한 요인으로 인해 몸이 틀어지고 골격이 변형된 체형을 적절한 방법을 이용하여 전체적으로 몸의 형태를 바르게 교정하여 건강하고 아름다운 체형을 유지 관리해 주는 프로그램이다.

즉, 체형관리사는 전문적이고 과학적인 방법으로 고객의 체형과 체질을 고려하여 체계적인 계획 하에 개인의 맞춤 프로그램에 따라 지속적인 관리를 해줌으로써 미용측면인 아름다운 체형을 유지시켜 줄뿐만 아니라 개인의 건강까지도 책임지는 전문가라고 할 수 있다.

2. 수행직무

1) 중요 직무내용

① 체형관리 의사결정 지원 ② 올바른 체형관리의 개발 및 분석

③ 체형 별 체형관리 적용분석 ④ 문제점 발굴 및 대책방안 제시 등 직무수행

2) 진출분야

① 체형관리 전문기관의 경영자 및 간부 ② 체형관리업체 컨설팅회사설립

③ 체형 별 체형관리 적용분석 ④ 체형관리산업 관련 연구원 등

3. 응시자격

① 만 18세 이상 남·녀 구분 없이 응시가능

② 학력, 경력, 제한 없음

4. 출제기준

① 체형관리개론 ② 체형 및 운동학 ③ 영양학

5. 합격기준

· 필기 : 60점 이상 합격(단, 절대평가로 과목별 40점미만 과락처리)

6. 학점 이수 시 자격취득

· 체형관리사 관련 과목 학점이수 시 증빙 서류 제출로 자격증 부여 및 관련학과 졸업 시 자격증 이수가능

7. 시행

① (사) 한국민간자격협회 평생교육원

② 홈페이지 : www.kqa.or.kr

8. 기대효과

① 체형관리 분야에서 요구하는 전문지식과 실무역량을 갖춘 전문인

② 국가 발전 인류번영에 기여할 체형관리의 창의적인 경영인

③ 체형관리 시대의 변화와 혁신을 주도할 수 있는 지식인

④ 체형관리의 사회적 책임과 윤리의식을 갖춘 봉사적인 인격자

⑤ 전문적 고객지향의 시스템 및 프로그램 정책과 절차구현

⑥ 체형관리의 사회적 책임과 육체적 건강, 정신적 건강 및 사회적 건강유지의 전문가

⑦ 나눔의 체형관리 경영으로 사회공헌에 기여하는 전문인

⑧ 체형관리 전문기관에 대한 새롭고 강력한 경영원칙 제시

⑨ 고객을 변화시키고 체형관리의 지속적 관리를 통한 수익 창출의 새로운 모델 제시

⑩ 기존의 체형관리 개념과 인식을 바로잡고, 새로운 방법을 제시함으로써, 체형관리 산업이 갖는 고객 역할에 대한 인식제고 등.

9. 체형관리의 전망

산업이 전문화되고 문명이 발달 되면서 인간의 몸은 많이 편안 해졌다. 그런데 이로 인해 인간의 체형들이 바른자세의 체형에서 멀어 지고 있다. 매일 같이 같은 자세에서 같은 일을 하다 보니 같은 골격의 변화에서 같은 근육을 반복적으로 사용해야 하고 문명의 발달로 움직임이 적어지면서 체형이 틀어지게 된다. 또 과도한 핸드폰,컴퓨터 사용등으로 체형이 정상적인 체형에서 멀어지게 된다.

현대인들은 먹거리가 풍부하다. 하지만 양은 많아 졌는데 먹거리 안에 영양소는 70 년대 와 비교 했을 때 50~100% 이상 줄어들었다. 더구나 현대인들은 잦은 회식등으로 또 많은 업무 때문에 식사 시간을 제대로 지키지도 못하고 영양 없는 피자,햄버거등으로 대충해결 하고 있어 많은 현대인들이 영양실조 또는 영양 불균형 속에 살고 있다. 이것 역시 체형이 틀어 지는데 큰 몫을 차지 하고 있다.

체형이 틀어졌을 때 미용 학적으론 외관상 너무 보기 흉한 결과가 될 수 있어 사회 생활에 자신감을 잃을 수 있고 또한 이로인해 근골격질환이라는 현재 선진국의 고민 거리중 하나인 질환으로 발전 될 수 있다.

과거에는 척추가 휘어진 어린 학생 어른등을 찾으면 신기 해 하곤 했다. 그런데 요즘엔 똑바로 되어 있는 사람을 발견 하면 신기 할 정도로 역전 현상이 되었다. 거기에 과거엔 미용상의 문제는 여성들의 소유물이었는데 요즘엔 남성들도 동참을 하고 있고 미용에 관심을 갖는 남성들이 늘어 가고 있다. 이는 사회 활동을 하는데 자신감과 밀접한 관계가 있기 때문이다. 체형이 틀어지고 있는 사람들은 점점 늘어 가고 있는데 이를 바로 잡는 전문가들은 매우 적다. 그래서 미용과 건강을 찾아주는 체형관리사라는 직업은 사회공헌도가 매우 큰 유망직종이라 할 수 있다.

10. 자격증 샘플

· 자격인증서

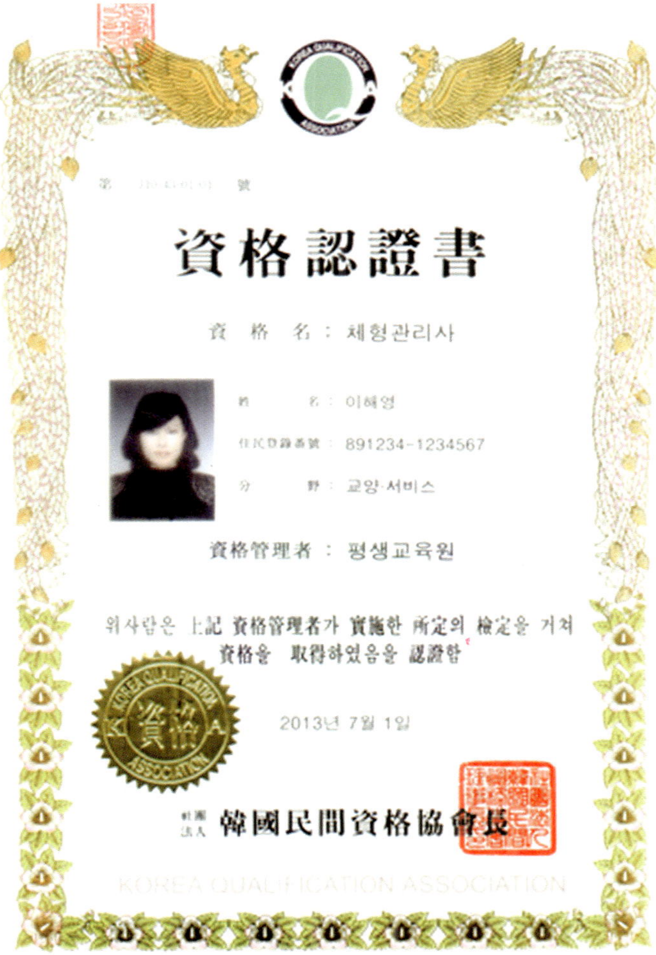

資格認證書

資 格 名 : 체험관리사

姓 名 : 이혜영

住民登錄番號 : 891234-1234567

分 野 : 교양·서비스

資格管理者 : 평생교육원

위사람은 上記 資格管理者가 實施한 所定의 檢定을 거쳐 資格을 取得하였음을 認證함

2013년 7월 1일

社團法人 韓國民間資格協會長

KOREA QUALIFICATION ASSOCIATION

· 자격카드

전문자격증

자 격 명: 체험관리사

인증번호: J10-43-01-01

성 명: 이해영

주민번호: 891234-1234567

분 야: 2012년 12월 03일

자격관리자명: 평생교육원

위 사람은 상기종목의 자격을 취득하였음을 증명함.

발급일: 2013년 06월 22일

사단법인 한국민간자격협회장

Korea Qualification Association

1. 체형관리 개론

body shape management

1. 체형관리 개요

건강한 삶을 추구하는 웰빙(well-being) 시대에 살고 있는 현대인들은 바쁜 일정 속에서도 보다 건강하고 아름다운 체형을 유지, 관리하기 위해 많은 시간과 노력을 투자하고 있다. 외모를 가꾸는 것을 자기관리의 필수적인 부분으로 여기고 미(美)에 대한 욕구도 아름다운 몸매뿐만 아니라 건강의 개념으로 확대 되면서 체형관리에 대한 관심이 높아지고 있다. 따라서 체형관리는 시대의 요구에 부응하여 보다 체계적이고 과학적인 방법으로 접근되어야 한다.

1) 체형관리의 정의

체형관리란 잘못된 생활습관이나 근육의 경직 등 다양한 요인으로 인해 몸이 틀어지고 골격이 변형된 체형을 화학적(Chemical), 물리적(Physical), 심리적(Psychological), 전기적(Electrical)인 방법을 이용하여 전체적인 몸의 형태를 바르게 하여 건강하고 아름다운 체형을 유지하기 위해 관리하는 것이다.

2) 체형관리의 필요성과 목적

복잡 다양한 삶을 살아가는 요즘 현대인들은 각종 스트레스와 운동부족, 잘못된 자세와 생활습관, 영양불균형 등으로 인하여 몸의 골격이 변형되어 통증을 호소하는 등 여러가지 문제를 일으켜 스트레스를 가중시키고 있다. 건강한 신체와 정신을 추구하는 사회적 영향으로 자신의 체형의 불만으로 인해 자심감이 저하 되고 스트레스가 되어 우울증으로까지 확대되어 사회생활에 지장을 초래할 수도 있다. 따라서 건강하고 아름다운 체형을 유지 관리하는 것은 육체적, 정신적, 사회적으로 긍정적인 영향을 미쳐 보다 적극인삶과 자신감을 부여한다.

체형의 변형은 미용학적 측면에서 볼 때 근육의 문제와 혈액순환과 림프순환의 문제라고 볼 수 있다. 근육이 경직되면 신체 곳곳에 통증을 유발하게 되고 혈액과 림프순환 또한 원활하지 못해 몸이 붓고 노폐물이 쌓이게 되어 셀률라이트가 생성되어 체형의 변형을 가져오게 되는 것이다. 체형관리는 혈액과 림프액의 원활한 순환을 통해 몸의 골격을 바르게 균형을 이루게 하여 건강을 유지하는게 목적이다. 또한 체형관리는 전문적인 상담과 개개인에 맞는 정확한 체형분석을 통하여 합리적이고 올바른 프로그램을 적용함으로써 육체적, 심미적 효과를 극대화할 수 있어야 한다. 따라서 체형관리사는 인체에 대한 전문적인 지식 습득과 다양한 관리 프로그램을 개발 적용할 수 있는 능력이 요구된다.

3) 체형관리의 효과

(1) 육체적 건강

여러가지 화학적인 방법과 물리적인 방법, 식이요법, 운동요법 등을 이용하여 복합적으로 적용함으로써 신진대사를 활성화 시키고 혈액순환과 림프순환 등을 촉진시켜 문제가 되는 여러 질환이나 통증 등을 해결하고 아름다운 체형을 유지 보존한다.

(2) 정신적 건강

중추신경계와 면역계의 활성화로 전신에 축적된 피로와 스트레스가 해소 됨으로써 정서적으로 안정감을 유지 시킨다.

(3) 사회적 건강

체형의 불균형으로 인해 발생되는 스트레스와 우울감을 완화 시키고 육체적, 정신적으로 안정감을 주어 사회적인 자신감과 활력을 부여한다.

체형관리사

체형관리사는 정확한 체형분석과 전문적인 상담 등을 통하여 그에 따른 적절한 관리방법을 계획하고 관리하는 일을 담당한다. 그 구체적인 일은 고객의 요구를 합리적으로 적용시키고 몸의 이상을 파악하여 고객의 신체균형 상태가 어떠한지 정확하게 측정하고, 고객에게 적합한 운동과 식이요법, 자가 관리, 마인드컨트롤 등의 프로그램을 설계한다. 이와 같이 전문적이고 과학적인 방법으로 고객의 체형과 체질을 고려하여 체계적인 계획을 세우고 개인의 맞춤 프로그램에 따라 관리해주는 것을 목표로 일시적 관리에서 끝나는 것이 아닌 지속적으로 체형을 유지 관리하는 것을 의미한다.

4) 체형관리 적용증상

(1) 비만관리

비만(obesity)의 용어는 과식을 의미하며 비만의 정의는 소비 칼로리에 비해 섭취 칼로리가 높아서 체지방이 과잉 축적되는 상태로 임상적으로 체질량 지수가 30 이상일 때를 의미한다. 비만의 정도가 증가할수록 건강에 문제가 생길 위험성이 높아지며 고혈압, 당뇨, 심장질환, 암과 같은 질병의 원인을 유발할 수 있으므로 때문에 외관상의 문제뿐 아니라 건강상으로도 지속적으로 관리를 해주어야 한다. 비만의 원인에는 유전적 요인과 식습관, 심리적 요인, 환경적 요인, 내분비 요인, 대사장애, 활동 부족 등의 여러 요인들이 작용하며 전신관리나 부분관리, 특히 복부, 둔부 관리에 많이 적용된다.

(2) 통증관리

통증은 육체적, 정신적 긴장감을 유발시키고 긴장으로 인해 원활한 일상생활에 지장을 미친다. 외상에 의해서 혹은 잘못된 자세로 인하여 또는 과도한 스트레스로도 발생한다. 마사지는 근육이완을 통해 통증을 감소시키며 모세혈관 순환을 증진시키고 전신순환을 증진시킨다. 또한 정신적으로 진정시키고 이완시킨다. 근육통, back pain, 경부 통증 등은 마사지로 완화되기 쉬운 통증으로 상황에 따라 온·냉 요법을 함께 적용시킬시 효과가 좋다. 열은 손상부위 혈액순환을 촉진시켜 염증산물을 제거함과 동시에 마사지와 마찬가지로 피부의 대섬유를 자극하여 통증관문을 닫게 하며 근육이완을 통해 긴장, 불안을 완화시킨다. 근육경련성 통증, 퇴행성 통증 등에 열적용이 효과적이다. 냉요법은 신경전달 속도를 느리게 해서 통증 자극량을 극소화하고 지각적으로 냉각이 우세하기 때문에 통증을 낮추는 방법으로 다리를 삐었을 경우 많이 사용하며, 냉적용은 냉에 대해 과민반응이 있거나 당뇨병 환자, 혈관이 좁은 환자, 노약자는 사용을 조심하는 것이 좋다.

(3) 셀룰라이트관리

'Cellulite'의 Cellula는 세포를 의미하고 ite는 염증을 의미한다. 우리 몸의 대사과정에서 여러가지 요인으로 인하여 노폐물과 독소 등이 배출되지 못하고 순환장애를 일으켜 국소적으로 피부조직과 함께 지방세포가 과잉 축적되어 수분과 노폐물들이 뭉쳐져 오렌지 껍질과 같이 울퉁불퉁한 형태로 경결되어 결합조직의 변성을 일으켜 혈관을 누르게 되고 통증을 유발시키는 것이다. 셀룰라이트는 95% 이상 여성에게서 나타나며 지방세포가 많이 분포되어 있는 허벅지나 엉덩이, 복부, 팔 등에 주로 발생되며 여러 순환관리와 더불어 식이요법과 함께 적용하면 더 많은 효과를 볼 수 있다.

(4) 체형보정

정형화된 잘못된 자세로 오랜 시간 지내다 보면 체형이 변하게 되어 몸의 바란스를 잃게 된다. 구부정해 지거나 한쪽으로 비뚤어지며 골반의 불균형, 척추측만, 경추의 변형 등을 유발하며 통증과 함께 내장기능의 부조화로 발전하게 된다. 진단상의 아무런 이유 없이 통증을 호소하는 이유도 여기에 기인하는 경우가 많다. 체형보정에는 늘어지고 처진 근육과 근막을 바로 잡아 주어 신체를 균형 있게 보정해주며 라인을 바로 잡아준다. 체형에 맞는 프로그램을 적용시켜 운동요법과 스트레칭 등을 이용하여 균형 잡힌 체형을 만들어 줄 수 있지만 가능한 사용 시간을 적게 하는 것이 좋다.

(5) 부종관리

부종은 정맥계의 문제로 발생된다. 즉, 동맥관을 통해 말단까지 갔던 혈액이 정맥관을 타고 다시 올라 와야 하는데 정맥계에 압박이 있거나 지속적인 중력에 저항하게 되면 혈액이 심장쪽으로 올라오지 못하고 그 자리에 정체 현상이 있을 수 있다. 이것을 부종이라 한다.

오랫동안 서서 일을 하는 경우나 대사적 순환문제로 인하여 이상이 오는데 림프선을 통한 마사지와 아로마 오일 등을 사용하여 극대화 시킨다. 부종에 좋은 아로마 오일에는 싸이프러스, 펜넬, 쥬니퍼, 레몬 등이 효과적이다. 그리고 얼음물에 다리를 담궈 놓는 것도 다리 부종을 해소 시키는데 도움이 될 수 있다.

(6) 탄력관리

노화의 원인으로도 탄력이 저하되나 자외선과 갱년기 이후 호르몬 분비가 저하되면서 피부가 건성화 되고 칙칙하게 변하며 과도한 다이어트로 인한 영양의 불균형, 불규칙한 식생활 등으로 인하여 수분과 영양공급의 부족 등 여러가지 요인들이 작용하여 탄력이 저하된다. 외인적인 요인으로 인하여 저하된 탄력은 지속적인 관리로 젊음을 되돌릴 수 있다.

보습과 리프팅관리에 초점을 두고 운동 등과 함께 병행하며 비타민 섭취를 함께 하면 매우 많은 효과를 볼 수 있다.

(7) 영양관리

현대인들은 먹거리가 매우 풍부하다. 마트에 가면 우리가 먹을 수 있는 것이 매우 많은 종류가 진열 되어 있다. 그러나 여기에 우리가 함정이 있다는 것을 알아야 한다. 먹거리 양은 풍부해졌지만 먹거리 속에 있는 영양소는 매우 적어졌다는 것을 우리는 알아야 한다. 즉, 다시 말하면 70년대 오이 한 개에 들어가 있을 영양소가 지금은 12개를 합해야 70년대 1개의 오이 영양소와 같다. 농작물을 재배 할 때 흙에 퇴비를 주고 해서 흙에도 영양분을 갖출 수 있는 조건을 주어야 한다. 즉, 기름진 토양을 만들어야 하는 것이다. 그런데 지금은 퇴비 대신 화학비료를 주고 있다. 이것은 크기와 양을 늘릴 순 있어도 농작물 안에 영양소 까지는 늘릴 수 없다. 그리고 농작물이 비, 바람, 빛 등 자연을 받아들여 가며 커 가야 하는데 비닐하우스라는 온실 속에 있다 보니 이런 자연에서 멀어져 양은 많이 재배 할 수 있겠지만 그 안에 영양소는 매우 적어지는 것을 우리는 알아야 한다. 그리고 현대인들이 영양 불균형에 있는 것은 편식과 인스턴트 섭취, 그리고 너무 가벼운 식사와 불규칙적인 식사이다.

(8) 운동관리

건강을 유지하기 위해 여러가지 중 하나가 운동이다. 운동은 육체의 건강뿐만 아니고 정신적인 건강까지 관련 되어 있다. 육체가 건강 하면 정신도 건강 해진다고 해석을 할 수 있다. 육체가 건강하기 위해 우리는 여러가지 운동을 하고 있다. 걷기, 조깅, 헬스, 수영, 요가 자전거타기 등 매우 다양한 운동을 하고 있다. 운동을 하는 목적은 대체로 건강 해지고 건강을 유지하기 위함이 클 것이다. 그런데 우리는 운동으로 인해 건강을 해칠 수도 있다는 생각을 해 본 사람은 적을 것이다. 운동은 잘 하면 보약을 먹는 것과 같지만 잘못하면 독약을 먹는 것과 같다. 즉, 나의 체형에 맞는 운동을 선택해서 내가 해야 할 동작, 방법 등을 습득해서 운동을 해야 내가 건강해질 수 있는 운동이 될 것이다. 옆사람이 하니 그 운동이 멋있어 보이니 나도 해본다? 매우 안좋은 방법이다. 운동을 하기 전 먼저, 전문가인 체형관리사와 충분한 상의를 한 후에 운동을 시작 하는 것이 바람직하다 할 수 있다.

(9) 자세관리

우리는 중력에 저항 하며 살아가고 있다. 걷을때도, 앉아 있을때도, 밥을 먹는 때도 모든 움직임은 중력에 저항을 하며 살아가고 있다. 그런데 바른자세가 아닌 기울어진 자세로 있는다면 균형 있는 저항이 아니기 때문에 체형의 균형이 쉽게 무너질 수 있다. 예를들면 앉아 있을 때 허리를 세우고 정면을 바라보며 앉아 있는 자세가 아니라 한쪽으로 몸을 기울이고 앉는 자세라면 골반과 척추가 틀어져 몸의 균형이 무너지는 체형으로 될 것이다. 그래서 많은 현대인들은 바른자세가 좋은 것은 알고 있지만 어떤 것이 바른 자세이고 나에게 도움이 되는 자세인지를 모르는 경우가 많다. 바른 자세를 교육시키고 그 개인에게 맞는 자세를 교육시키는 것은 체형관리사의 몫이다.

(10) 미용관리

체형이 바르지 못하면 미용적인 관점에서 바라봐도 보기가 안좋다. 그리고 척추가 한쪽으로 기울고 골반이 틀어지고 하면 옷을 입어도 맵시가 안난다. 또 체형이 바르지 못하면 순환장애가 생겨 피부 트러블이 생길 수 있는 확률이 매우 높다.

5) 체형관리사가 갖추어야 할 것

(1) 지식

체형관리사는 해부학, 생리학, 운동학, 영양학 등 많은 이론적인 지식을 바탕으로 실전에서 할 수 있는 수기요법 등을 갖추어 체형학적인 문제점을 해결하는데 노력을 해야 한다.

(2) 인성

체형이 불균형을 이루고 있으면 심신이 허약해질 수 있으니 이들을 항상 따뜻한 마음으로 이해하고 다독거리며 용기를 줄 수 있는 인성을 갖추어야 한다.

(3) 건강한 육체와 정신

타인을 교육하고 이해시키고 교정 시키는 일은 매우 힘든 일이다. 그래서 이들이 바른 체형으로 만들려면 체형관리사가 건강한 육체와 정신을 가지고 있어야 한다.

2. 체형관리 상담

전문적인 영역의 상담(相談, Counseling)이라는 말의 어원적인 유래는, counsurere의 라틴어에서 온 것으로 '심사숙고하다(deliberate), 반성하다(reflect), 고려하다(consider), 조언하다(counsel), 상담하다(consult)' 등의 뜻을 포함하고 있다.

따라서 위와 같은 일련의 과정들을 진행할 상담가는 전문 상담가로서 상담자 자신의 개인의 인격과 심리학적 지식과 풍부한 경험, 상담을 할 수 있는 훈련과 교육을 받아 타인을 도와줄 수 있는 전문 조력가의 자질을 갖추어야 한다.

특히 미용업에서의 상담은 뷰티산업의 사회로 발전할 수 있는 새로운 전문적인 영역이며 그 중 체형관리 상담은 개인의 건강과 직결된 전문적 영역이라 할 수 있다.

1) 체형관리 상담과 상담자

(1) 체형관리 상담이란

체형관리 상담이란 미용의 도움을 필요로 하는 사람 즉, 고객이 전문적 훈련을 받은 사람인 상담자와의 대면 관계에서 체형관리의 과제 해결을 위해 여러가지 사고 · 행동 및 감정 측면까지 고려하는 과정이다.

상담은 크게 아름다운 몸매를 만들기 위한 가이드라인을 제시하는 일과 이것이 잘 진행되도록 관리해주는 일로 나누어 볼 수 있다. 우선 고객이 방문하면 상담을 통해 고객의 요구와 특성을 파악하고, 신체균형 상태를 기계로 측정한 후 이를 바탕으로 식이요법, 운동처방, 마인드컨트롤 등으로 계획을 세운다. 식이요법은 체형관리사가 직접 일일이 통제하기 어렵기 때문에 어떤 음식을 섭취하고 피해야 하는지 상담시마다 알려주고 이것이 잘 지켜지도록 체크한다.

이렇듯 체형관리 상담은 인체에 대한 종합적인 지식과 전문성이 요구되는 분야이다. 따라서 체형관리의 상담자는 소정의 교육, 훈련을 받고 소정의 자격을 갖춘 체형관리전문가에 의한 상담이 이루어져야한다.

상담에는 다양한 이론적 입장과 기법이 있지만, 중요하고 기본적인 것은 따뜻하고 친밀한 인간관계, 상호 신뢰와 존경 그리고 감정과 사고(思考)과정의 절대적 존중함을 가져야한다. 또한 고객이 호소하는 문제를 진단하고 체형파악과 문제해결방법의 적용의 측면에서 고려한 상담이 이루어져야한다.

(2) 체형관리 상담자

체형관리 상담자는 살롱경영의 핵심 역할을 하므로 항상 친절하고 용모가 단정해야 하며 표정은 편안한 상태여야 한다.

상담자는 상담을 통하여 고객이 원하는 사항을 파악할 수 있는 의사소통 능력과 고객의 취향을 비롯해 피부타입, 신체구조, 성격 등을 다양한 각도에서 파악할 수 있는 분석력이 요구된다. 또한 고객이 요구하는 것을 정확하게 성실하게 알려주어야 하며 함께 해결하겠다는 자세를 보여줘야 한다. 또한 불만사항이나 까다로운 질문에도 성실히 대답할 수 있는 인내와 순발력이 필요하다.

전화 상담 역시 친절하고 성실히 응대해야 한다.

① 체형관리 상담자의 자질

전문적 상담자가 되기 위해 갖추어야 할 자질은 다음과 같다.

첫째, 고객응대를 위한 여러가지 상담기법을 비롯한 상담의 총체적인 상담의 의미를 이해해야 한다.

둘째, 인체에 관한 문제로 인한 불균형한 체형을 이해하고 진단 및 설계를 할 수 있는 전문적 지식과 분석이 필요하다.

셋째, 고객이 필요로 하는 체형조건을 잘 해석하여 고객의 심리적 불편이나 문제 해결 목표에 중점에 두고 상담을 해야 고객의 욕구와 기대에 부응할 수 있다.

② 체형관리 상담자의 조건

상담자의 조건 즉, 상담을 성공적으로 이끌기 위해 갖춰야 한 필수조건은 세 가지이다.

첫째, 수용적 태도를 갖는다.

둘째, 공감적 이해를 해야 한다.

셋째, 상담자의 자기일치(순수+진실)가 되어야 한다.

③ 체형관리 상담자의 용모

첫째, 상담자의 용모는 항상 청결해야하며 화장이나 복장이 단정해야 한다.

둘째, 상담자의 표정 및 동작은 환영의 기분을 인사말에 담아서 표정에 말이 담기도록 예의바른 접객을 한다. 또한 말과 표정을 일치해야 한다.

셋째, 상담자의 태도는 무비판적, 우호적, 공감적, 개방적, 따뜻하지만 전문적인 태도를 취해야 한다. 상담자의 시선은 상대방의 눈을 보며 대화하되 입술주위나 다른 부분을 번갈아보며 얘기한다. 여러 명의 고객과 대화할 때는 한 사람만을 주시하기 보다는 돌아가면서 눈을 맞춘다. 또한 고객이 원하는 고객의 요구와 기대를 파악하여 제공할 수 있는 서비스나 시스템을 자세하게 설명을 해서 신뢰감을 전달하는 태도를 보여야 한다.

2) 체형관리 상담실 환경

상담실은 고객을 맞이하는 공간이므로 전문성을 갖춰 신뢰감을 줄 수 있는 환경이 바람직하다.

① 위생적이고 편안한 상담이 이뤄질 수 있도록 안정감과 통일감 있는 분위기 이어야 한다.
② 벽지, 바닥재 소품 등을 2~3가지 정도의 색으로 하는 것이 알맞다.
③ 고객이 잘 볼 수 있는 공간에 면허증 및 자격증을 비치한다.
④ 관련자료 및 서적, 관련 소품 등을 눈에 잘 띄는 곳에 배치해두어서 전문적인 분위기를 형성한다.
⑤ 간접조명을 이용하여 심리적인 안정감을 취할 수 있게 조성한다.
⑥ 관리내용이 담겨있는 판넬을 이용하여 구매욕구를 촉진시킨다.
⑦ 건강차를 언제든지 마실 수 있도록 준비한다.

3) 체형관리 상담

(1) 상담목표

① 1차적 목표

체형관리 상담사는 지식과 경험을 갖추어야하며 고객의 기대와 욕구를 정확히 파악하여 증상완화 또는 문제해결의 목표를 가지고 상담에 임한다.

② 2차적 목표

전문적이고 과학적인 방법으로 고객의 체형과 체질을 고려하여 체계적인 계획을 세우고 개인의 맞춤 프로그램에 따라 관리해주는 것을 목표로 일시적 관리에서 끝나는 것이 아닌 지속적인 관리를 통해 고객의 체형을 관리하도록 하는 것에 목표를 둔다.

(2) 고객의 심리파악 및 상담시 마음가짐

① 첫 상담을 찾아오는 고객의 심리상태 파악

- 고객과의 첫 만남은 인상과 이미지를 결정하는 중요한 순간이므로 친절하고 세련된 고객응대로 좋은 인상을 심어주는 것이 매우 중요하다.
- 첫 상담을 찾아오는 고객은 낯선 환경에 어색한 상태에 있다. 예약 없이 처음 오는 고객의 경우는 부담감이나 어색함이 없도록 더욱 친근하게 맞이한다.
- 예약된 고객의 경우 “어서오십시오. 아까 전화하신 분이죠?” 정도의 응대로 미리

고객을 기다리고 있었다는 이미지를 심어준다 .

- 고객이 이야기할 때 그 메시지가 언어적이든 비언어적이든, 분명하게 전달되든, 모호하게 전달되든, 고객이 전달하려고 하는 메시지를 상담자가 포착하고 이해해야 한다.

② **상담시 마음가짐**

- 마음가짐에 있어서는 친절을 기본으로 성실하게 나의 입장이 아닌 고객의 입장에서 생각해야 한다.
- 고객 불만접수시 사적인 감정으로 받아들이지 말고 내가 오늘 처리해야할 업무 중의 일부라고 생각하면 그 일에서 한 걸음 떨어져 평정을 잃지 않고 감정을 섞지 않게 된다.

(3) 상담시 예절사항

① 상담에 관련된 내용은 가능한 문서를 이용해 자세히 설명하는 것이 효과적이다.

② 대화 도중 반드시 상대방을 바라보며 반응을 점검하는 것이 좋다

③ 상담 도중 주위를 의식하지 않고 언성을 높인다거나 태도를 흐트러뜨리지 않는다.

④ 상대방의 이야기를 경청하는 자세가 매우 중요하며 대화 도중 맞장구를 쳐주는 것이 효과적이다.

⑤ 상대방을 칭찬하고 혹 자신의 의견과 다를지라도 상대의 의견을 존중해 주어야 하며 자신의 의견은 맨 마지막에 피력하는 것이 중요하다.

⑥ “아닙니다”, “절대 그렇지 않습니다”. “못합니다”, “안됩니다” 등의 제한적, 부정적 단어는 사용하지 않는다.

⑦ 시간이 어느 정도 지나면 대화의 포인트를 정리해 결론을 맺는다.

(4) 상담에서의 경청

동양의 옛 속담에 청문삼득(聽聞三得)이라 하여 남의 이야기를 잘 들으면 세 가지 이득이 있다고 한다.

상담에 있어서 가볍게 넘겨버리는 것은 아주 작은 것이 오히려 고객에게는 중요한 영향을 미치는 결과를 초래할 수 있고 이것이 대단히 중요한 문제로 확산될 수 있다는 것이다.

① 의사소통의 구성요소

- 언어 메시지(단어들) : 7%

언어란 문자화가 가능한 것으로 메시지를 전달하는 방법의 하나이며, 의사소통의 가장 기본적인 구성요소이다.

- 음성 메시지(크기, 억양, 리듬) : 38%

상대방에게 메시지를 전달할 때 음성으로 메시지를 받는 수단은 38%가 차지한다.

- 비언어 메시지(대부분 얼굴표정) : 55%

비언어적에 의한 커뮤니케이션은 55%의 가장 큰 비중을 차지하는 요소로서 몸짓과 특히, 각양각색의 표정에서 우리는 상대방이 전달하는 메시지를 받는다.

② 경청의 요소

- 시선을 통한 상담자와 고객의 접촉

진지한 관심을 가지고 자연스럽게 보내는 눈길을 전달한다.

- 상담자의 몸짓

이완된 자세로 고객 쪽으로 약간 몸을 기울이는 것이 좋다.

- 상담자의 언어행동

고객 진술의 흐름에 따라가야 한다.- '예, 그렇군요', '음', '당신이 말하고 있는 바를 알겠습니다', '결국 그 점이 문제였군요' 등으로 표현한다.

- 경청의 조건

진지한 태도로 듣는다.
이야기하는 사람 쪽으로 몸의 방향을 돌린다.
흐트러진 자세를 바로잡고 듣는다.
이야기하는 사람의 눈과 입을 바라본다.
장단을 맞추면서 듣는다.
상대방의 입장이 되어 듣는다.
메시지를 확인하거나 질문을 하면서 듣는다.
경탄의 표시를 한다.
이야기 도중에 가로막지 않는다.

(5) 상담에서의 공감

- 고객의 심적 상황을 이해하기 위해 상담자가 활용하는 방법 중 가장 중요한 것이 공감적 이해이다.
- 공감적 이해는 무조건적 긍정적 존중, 진솔성과 더불어 바람직한 상담관계(라포)의 형성에 기여하는 핵심기제이다.
- 자신이 직접 경험하지 않고도 다른 사람의 감정을 거의 같은 내용과 수준으로 이해하는 것이다.
- **감정, 태도** 및 신념처럼 쉽게 관찰될 수 없는 것까지도 정확하게 의미를 포착하**는 것도 중요**하다.

(6) 상담과정

고객과 서로 만족할만한 상담이 단계별로 이루어질 수 있도록 노력한다.

- 친화단계

  신규 상담시에는 먼저 친화적인 분위기를 조성하여 기분 좋은 감정의 교류를 갖는다.
- 도입단계

  고객의 요구 핵심이 무엇인지 파악한다.
- 욕구발견단계

  고객이 무엇을 원하는지 어떤 목적으로 왔는지 고객의 욕구를 발견한다.
- 제시단계

  해결방안을 어떻게 제시할지 프로그램 설계를 한다.
- 설명단계

  프로그램의 설계의 우수성을 적극적으로 설명한다.
- 의사결정 단계

  합리적으로 잘 설계한 프로그램에 대해 고객이 확실한 마음을 갖고 결정할 수 있도록 도와주어야 한다.

4) 체형관리 설계 및 프로그램

(1) 고객챠트

고객챠트 작성은 올바른 상담을 위해서 서로에게 필요한 기초자료이다. 또한 고객과 자연스럽게 친해질 수 있는 첫 수단이다. 상담사는 고객의 체질 및 체형과 생활 습관 등을 파악해 고객 카드를 작성하고 체형 관리 프로그램을 계획하여 전체 관리구상을 끝내야 한다.

(2) 체형관리 설계

체형관리의 설계는 고객의 과제 해결을 위해 여러가지 기기를 이용한 신체측정과 사고 · 행동 및 감정 측면까지 고려해서 고객이 호소하는 문제를 진단하여 설계하는 것이 좋다.

체형관리 설계를 하기위한 환경적 조건은 우선 고객의 몸 상태에 대해 충분히 측정할 수 있는 기기 즉, 인바디, 체형측정기와 같은 기기가 갖추고 있는 것이 좋다. 관리의 사전 사후 비교에 객관화된 과학적인 결과를 보여줌으로써 좀 더 고객에게 신뢰를 얻을 수 있을 것이다.

체형의 상태를 사전에 기기로 측정하여 개개인에 맞는 관리를 통하여 개선된 체형의 효과를 확인할 수 있게 객관화된 시스템을 이용하여 신뢰성을 높이고 즉, 고객의 비이상적인 체중과 체형 등을 진단하고 그에 맞는 프로그램을 적용시킬 수 있어야 한다. 그리고 병행할 수 있는 체계적인 식이요법, 적합한 운동요법, 자가관리, 마인드컨트롤 등까지 통합적으로 개선 관리할 수 있는 프로그램을 설계를 하여 고객의 요구에 맞게 합리적으로 적용시킬 수 있는 설계가 되어져야 한다.

① 기기를 이용한 체형 진단

체형진단기로 체형을 유지하는 근 · 골격계를 촬영하여 인체표면의 형태를 진단하고, 이를 통하여 근육의 상태(이상긴장, 수축, 이완) 및 체형의 왜곡 상태(척추의 휨, 변형, 비대칭현상 등)를 파악함으로써 체형과 통증과의 연관성 확인을 한다.

② 체형 관리 프로그램

고객의 신체균형 상태 등을 기계로 측정한 후, 고객의 요구와 몸의 특성을 파악하여 고객에게 적합한 관리기기와 여러가지 마사지기법 및 교정기법 등을 개인에 맞게 설계한 프로그램이 있다, 마사지 기법 활용으로는 경락, 스웨디시, 스포츠 마사지, 딥티슈 마사지 등과 음이온, 아로마요법, 스파, 온열요법 등을 사용하여 각 조직과 장기를 활성화 시켜주고 바디라인의 균형을 맞추는 것이 있다.

③ 운동요법

일반적으로 운동요법은 노동이나 스포츠를 통해 몸을 움직임으로써 신체의 근육과 신경의 기능을 향상시키는 것이다. 체형관리에 있어 관리와 함께 운동을 병행하면 신체의 기능의 향상과 신진대사가 촉진되어 보다 활력 있는 삶을 사는데 보탬이 된다.

또한 고객에게 적합한 운동이 무엇인지 안내해주며 때에 따라 센터에서 짜여진 운동 프로그램에 따라 운동을 시킨다.

④ 식이요법

식이요법(dieting, diet 다이어트)은 어떠한 목적을 위해 정상 식사를 수정해서 소화나 영양 흡수를 돕도록 하는 것을 말한다.

현대 영양학의 최고의 식이요법은 음식은 영양소와 에너지량을 적합하게 상담을 하여 적용시킨다. 즉, 당뇨병 환자에게는 에너지량을 제어시키고, 고혈압 환자에게는 소금을 제어하도록 한다.

⑤ 심리적 조언

고객의 심리가 체형에 의해서 두드러지게 불쾌하거나 괴로운 증상이 있을 때 상담을 통해 완화시켜주거나 더 나아가서 정신역동의 이해를 통하여 마음가짐의 재 정돈을 할 수 있게 조언 관리 해주는 것도 중요하다

마음을 다스리는 법에는 등산, 요가, 명상, 웃음치료 등이 있음을 알려주고 항상 긍정적인 사고로 세상을 바라보아야함을 인지시켜주는 상담도 고객에게 도움이 될 수 있을 것이다.

2. 골격의 구조

body shape management

1. 뼈(Bones)

인체의 골격은 206개의 뼈가 구성되어 있어 신체의 지주역할을 하고 체중의 약 15%을 차지하고 있다. 뼈는 우리 몸의 여러 기관 중 가장 단단한 조직이다. 뼈는 건축물에서 철골과 같은 신체기능을 담당하지만 철근처럼 생명이 없는 것이 아니고 살아있는 골세포들과 결합조직인 여러 섬유들이 존재한다. 또한 무기염류인 탄산칼슘과 인산같은 성분이 축적되어 많은 일을 해 나가는 살아있는 조직이다.

무기질은 뼈의 견고성과 간결성을 나타내는 단단한 성질을 가지고 있으며, 유기질은 탄력성과 강인성인 질긴 성질을 나타낸다. 이러한 무기질 및 유기질은 나이에 따라 상대적으로 양이 변하는데 어린이들은 유기질이 비교적 많고 무기질은 성인이 되어 나이가 들어감에 따라 몸에 축적되는 양이 늘어나 점차 뼈의 탄력이 감소하게 된다.

1) 뼈의 구조

뼈는 골막과 골수 및 골조직으로 구성된다.

(1) 골막(periosteum)

뼈의 외면을 덮고 있는 결합조직으로 된 얇은 막으로 골수강을 덮고 있는 것은 골내막이며 그 외 바깥쪽의 골막은 골외막이라한다. 골막은 뼈을 보호하고 혈관, 림프관 및 신경을 통과시키는 바탕을 제공하며 근육이나 힘줄이 붙는 자리를 마련하고 골절시에 뼈를 재생시키는 중요한 역할을 한다.

(2) 골조직(bone tissue)

뼈를 이루는 실질조직으로 해면골(sponge bone)과 치밀골(compact bone)로 구분된다. 해면골은 마치 스폰지 모양처럼 전체적으로 스펀지 모양으로 보이는 뼈의 속 부분이며, 치밀골은 뼈조직이 전체적으로 단단하게 짜여진 뼈의 바깥쪽 부분을 말한다.

(3) 골수(bone marrow)

해면골의 엉성한 조직과 골수강 사이의 공간을 채우고 있는 부드러운 조직으로, 적골수와 황골수가 있다. 적골수는 조혈작용을 하며, 성인의 장골의 골단, 단골 및 편평골의 해면질내에 있으며, 황골수는 적골수의 조혈작용이 중지되어 주로 지방으로 대치된 상태의 골수로 성인의 장골의 골간에서 볼 수 있다.

2) 뼈의 발생과 성장

뼈는 태생기에 발생되기 시작하여 성인이되면 성장이 완성된다. 뼈가 성장하는데는 많은 유전자들과 호르몬, 비타민, 칼슘, 칼시토닌 등이 관여를 해서 충분한 영양섭취가 필요하다. 뼈가 처음 만들어질때는 단단하지 않은 조직으로 기본틀이 먼저 생기는데 그것이 나중에 단단하게 바뀌는 골화 과정을 거쳐 20~25세가 되면 성장은 정지되고 더 이상 키가 크지 않는다. 뼈의 형태는 막골화, 연골화로 두 가지로 나타난다.

(1) 막골화

결합 조직에서 직접 뼈가 발생하는 과정이며 두개골처럼 뼈의 틀이 먼저 생긴다.

(2) 연골화

인체의 대부분의 뼈가 이 방법으로 뼈를 형성하는데 연골 모형이 형성 된 후 연골로부터 뼈의 외형이 만들어지고 그 일부가 뼈로 변경되는 골화중심이 된다. 골화중심이 점차 확대 되면서 연골의 대부분을 차지하게 되고, 남은 것은 성장에 관여하는 뼈끝연골이 되어 사춘기 이후 완전히 뼈가 되고 뼈의 성장이 멈추게 된다.

3) 뼈의 분류

우리몸의 뼈는 그 모양이나 부위에 따라 다음과 같이 분류한다.

(1) 모양에 따른 분류

① 장골

길이가 긴뼈로 상지나 하지에 있는 뼈이며 상완골, 요골, 척골, 대퇴골, 경골, 비골, 수지골 등이 있다.

② 단골

손목과 발목을 형성하는 뼈, 긴 축을 갖지 않는다. 수근골, 족근골이 이에 속한다.

③ 편평골

납작하고 편평한 모양으로 두개골, 늑골, 흉골, 견갑골 등을 구성하는 뼈와 요대를 형성하는 뼈를 의미한다.(부드러운 신체부분 보호하거나 근육 부탁 장소 제공)

④ 불규칙골

모양이 복잡하고 특이하며, 여러가지 돌기를 가지는 경우가 있다. 척추, 이소골, 하악골, 골반 등이 이에 속한다.

(2) 위치에 따른 분류

뼈가 놓여진 위치에 따라 체간과 사지로 분류된다. 체간은 두개골, 척추, 흉곽으로, 사지골은 팔, 다리, 어깨, 골반으로 구성된다.

* 체간은 척추 26개와 안면골을 포함한 두개골 29개, 흉곽 25개로 총 57개이다.

① 두개골은 뇌두개 8개, 안면골 15개 23개이며 뇌두개는 후두골1, 접형골1, 측두골2, 두정골2, 전두골1, 사골1로 구성된다. 안면골은 하비갑개2, 누골2, 비골2, 서골1, 관골2,

구개골2, 상악골2, 하악골1, 설골1로 구성된다.

② 척추는 경추7, 흉추12, 요추5, 선추1, 미추1개이다.

③ 흉곽은 흉추12, 늑골 12쌍, 흉골1이다.

* 사지는 상지 64개, 하지 62개로 총 126개이다.

④ 상지로는 상지대인 쇄골2, 견갑골2이 있고, 자유상지골인 상완2, 전완(요골2, 척골2), 수골(수근골16, 중수골10, 지골28)이 있다. 하지는 하지대인 관골2, 대퇴골(대퇴골2, 슬개골2), 하퇴골(경골2, 비골2)과 하지대로, 족골(족근골1, 중족골10, 족지골28)이 있다.

(3) 골격

골격은 몸통뼈와 사지골로 나뉜다. 체간은 두개골, 척추, 늑골, 흉골으로 구성되며, 사지골은 팔, 다리, 어깨, 골반으로 구성된다.

① 체간골격

체간(몸통)은 두개골, 안면골, 척추, 흉곽으로 구성되어 있다.

두개골

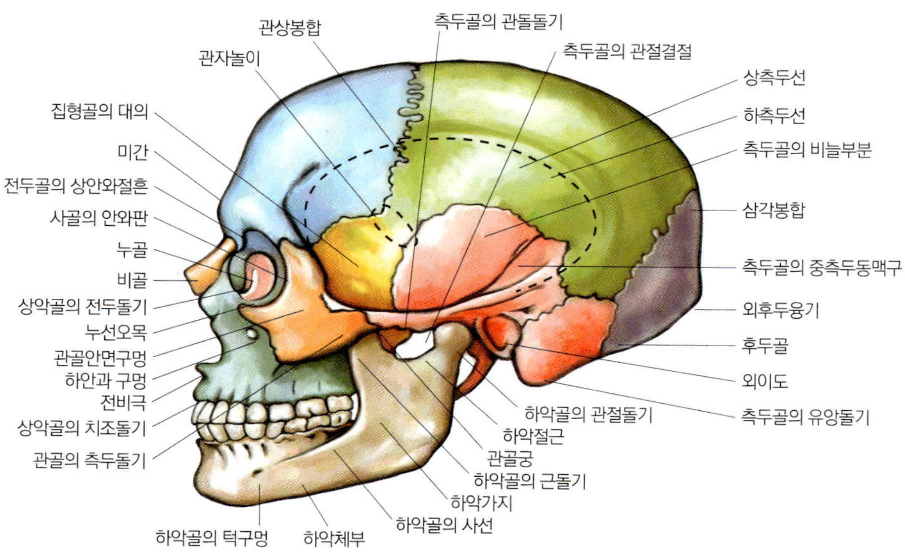

두개골(skull)이란 두개를 형성하는 뼈로, 머리를 싸고 있는 뇌두개골과 안면을 형성하는 안면골로 구성되어 있다. 뇌두개골은 6종 8개, 안면골 9종 15개로 총 15종 23개의 뼈로 되어 있다. 뇌두개골은 후두골, 전두골, 두정골, 측두골, 접형골, 사골 등이 있고, 안면골은 하비갑개, 누골, 비골, 관골, 구개골, 상악골, 하악골, 서골, 설골 등이 해당된다.

안면골

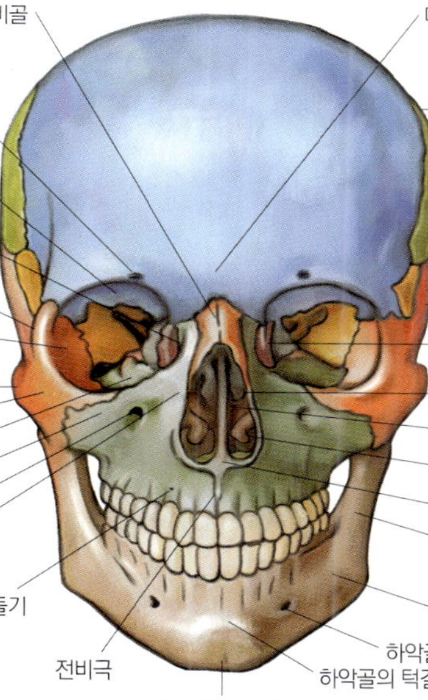

안면골이라 함은 정중앙을 차지하는 비골, 양측 협부를 이루는 상악골과 관골, 관골궁, 안와를 이루는 안와골군 그리고 하악골을 말한다.

척추

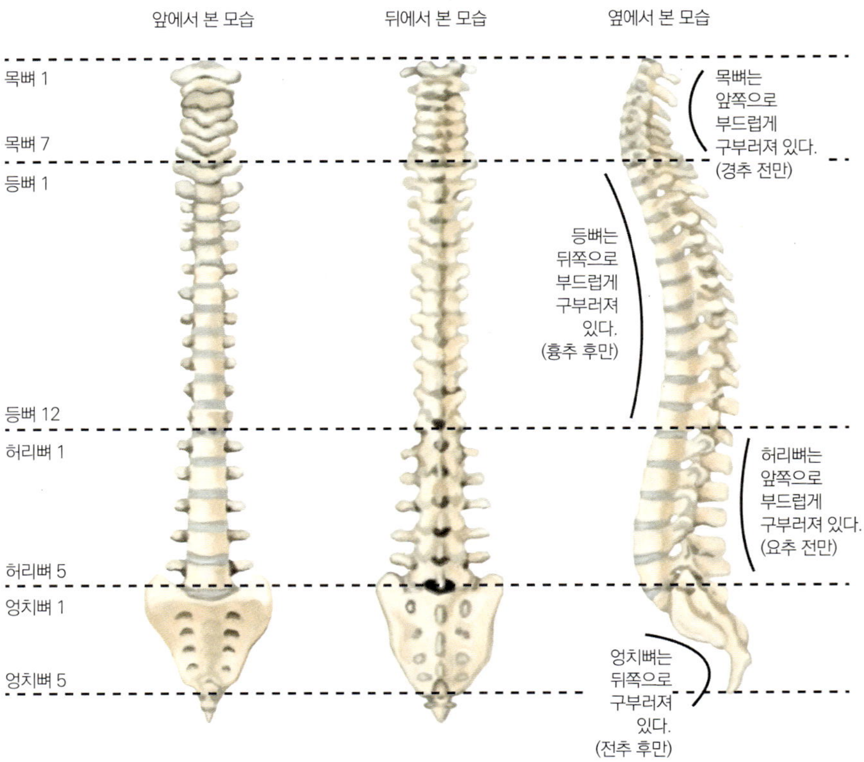

척추는 신체 몸통의 종축으로 척추뼈(척추)와 척추 사이 원반(척추사이 연골, 디스크)이 모여 기둥을 이룬 상태를 말한다. 위로는 머리를 받치고 아래로는 골반과 연결되어 그 사이에 존재하는 섬유성 척추원반 및 뼈 구조물이다.

척추는 위로는 머리를 받치고 아래로는 골반과 연결되어 체중을 다리로 전달하며 33개의 척추뼈와 그 사이의 섬유연골성 척추원반으로 이루어진다. 척추뼈는 목뼈 7개, 등뼈 12개, 허리뼈 5개, 엉치뼈 5개, 꼬리뼈 4개로 구성되는데 성인은 천골 및 미골이 유합되어 총 26개의 척추뼈로 구성된다. 척추의 각 추공(신경이 빠져 나오는 구멍)으로부터 각 척추신경뿌리가 나온다.

흉곽

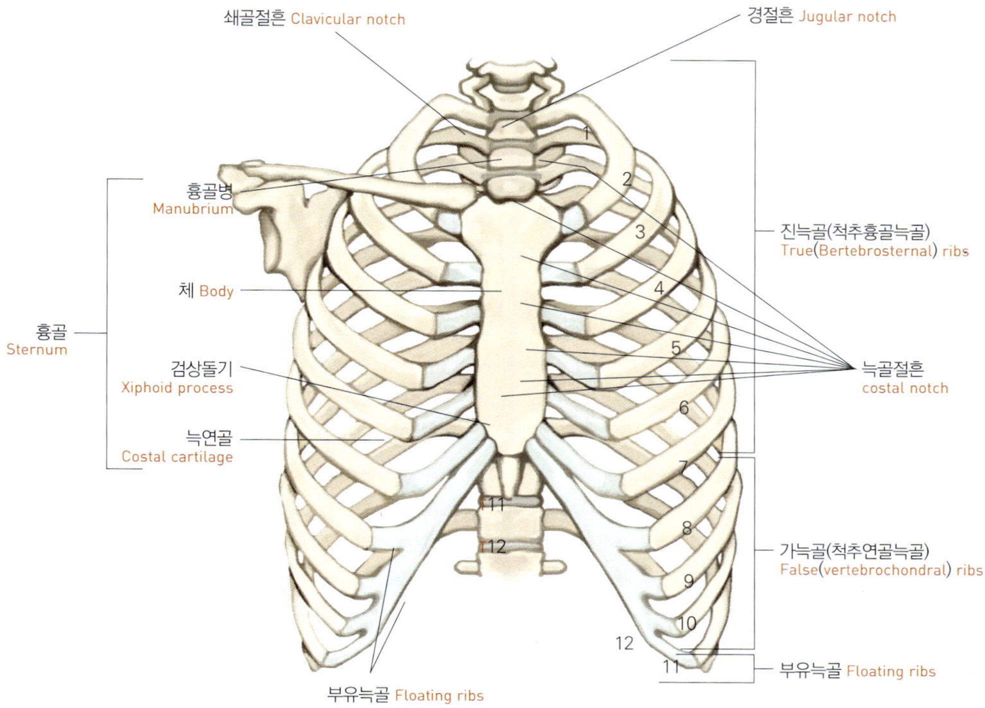

흉곽은 앞쪽으로는 복장뼈, 뒤쪽으로는 등뼈 및 가슴우리를 양측에서 둘러싸고 있는 12쌍의 갈비뼈로 이루어져 있다.

흉곽의 상부는 위가슴문이라 하며. 상대적으로 좁은 공간이지만 그 안에 중요한 혈관계, 호흡기계, 소화기관계 등의 구조물이 통과한다. 위가슴문을 구성하는 뼈는 복장뼈자루, 1번 갈비뼈 및 1번 등뼈이며, 앞쪽이 뒤쪽에 비해 2~3cm 낮은 비스듬한 타원형 구조이다. 위가슴문은 양쪽의 벽쪽가슴막을 덮고 있는 가슴막위막(두꺼워진 가슴 내 근막) 으로 나눠진다. 위가슴문을 지나는 중요 구조물로는 머리, 목 및 팔로 연결되는 중요 동정맥 및 상완신경총 등이 있으며, 기관. 식도 등의 구조물이 목을 지나 가슴 안으로 들어가게 된다.

② **사지**

사지

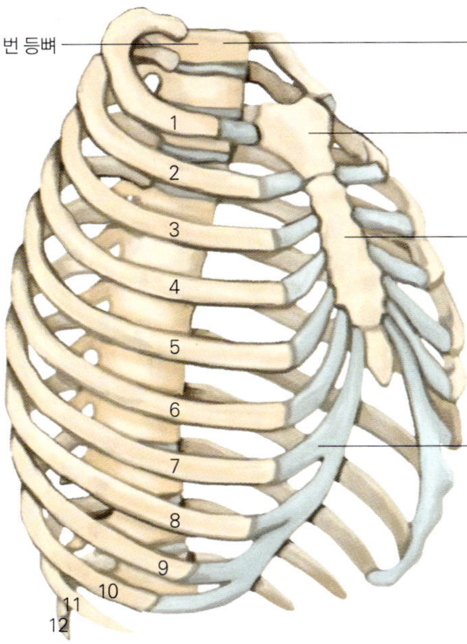

사지는 상지대와 하지대로 분류되는데 상지대는 어깨, 팔, 손 등을 말한다. 하지대는 골반과 다리 발 등으로 구성된다.

* 상지

가. 쇄골 (Clavicle) : 쇄골은 흉골병과 견봉 사이에 교량처럼 걸려있는 S자 모양의 구부러진 뼈이다.

나. 견갑골(Scapular) : 견갑골은 삼각형의 넓은 편평골로 흉곽의 뒤쪽에서 제 2~7 늑골사이에 위치한다.

다. 상완골 : 상완골은 상완골두, 상완골체로 구성되어 있고, 상완골두는 견갑관절와와 견갑관절을 형성하며 상완골 하부는 주관절부와 접속된다.

* 하지

하지골의 구성 : 관골(2) 대퇴골(2), 슬개골(2), 경골(2), 비골(2), 족근골 (14), 중족골(10), 족지골(28) 총 62개이다.

가. 관골

척추와 하지골을 연결시켜주는 골반뼈로 장골, 치골, 좌골로 융합되어 있다. 생후에는 연골로 결합되어 있으나 16~17세 경에 골화한다.

a 장골 : 관골의 2/5에 해당하는 관골상부의 뼈로 천골과 천장관절을 이룬다.

b 좌골 : 관골의 2/5에 해당하는 장골하방에 이어지는 뼈다.

c 치골 : 관골의 1/5에 해당되며, 섬유연골에 의하여 좌우 관골을 결합한다. 이를 치골결합이라고 한다.

d 대퇴골 : 인체에서 가장 긴 장관골로 대퇴골두는 관골의 관골구와 더불어 고관절을 형성한다. 발이 직접적으로 신체 체중을 받도록 안쪽으로 비스듬히 굽어져 있다.

e 슬개골 : 대퇴사두근(대퇴직근, 내측, 중간, 외측광근) 내에 위치한 종자골로 슬관절의 강한 신근의 지레장치 역할을 하며 슬관절을 보호한다.

다리뼈의 구성

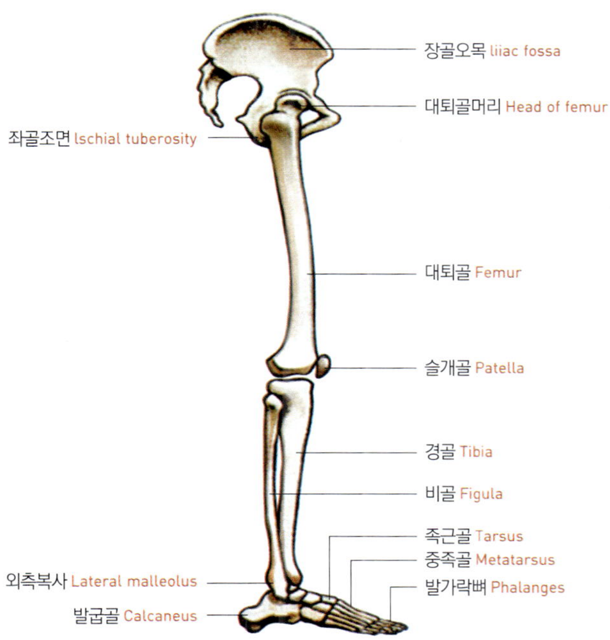

f 경골 : 하퇴의 전내측에 있는 장관골로 근위부에는 내외측과가 있고 그 사이에 과간융기가 있다. 과간융기에 있는 경골극에는 십자인대가 부착된다. 원위에는 내과가 있어 족관절을 형성한다.

g 비골 : 경골의 발목 외측의 부목 역할을 한다. 경골 외측에 경골과 평행으로된 가늘고 긴 뼈이며, 근위부에는 비골두가 있어 경골과 관절하는데 대퇴골과는 직접 관절하지 않는다.

h 족근골 (14개)

거골 : 상면의 거골활차는 경골과 비골과 관절하여 거퇴관절(협의의 족관절)을 형성한다.

종골 : 족근골 중에서 가장 큰 뼈로 거골체 바로 밑에 있고 온몸의 체중을 받는다.

그밖에 주상골, 내측, 중간, 외측 설상골, 그리고 입방골로 구성되어 있다

중족골(10개) : 발바닥뼈, 두부, 체부, 저부로 구성되어 있다.

족지골(28개) : 기절골, 중절골, 말절골로 구성되어 있다.

2) 연골(cartilage)

연골이란 근 골격계 전체에 널리 퍼져 있는 밀집된 결체 조직으로 연골세포와 그것을 둘러싸는 다량의 기질로 된 뼈를 말한다. 그 종류에는 초자연골, 섬유 연골, 탄력연골이 있다.

(1) 초자연골(hyaline)

맑고 투명한 청백색이며, 많은 교원섬유가 기질내에 묻혀있다.

뼈의 관절면, 늑연골, 기관, 후두, 코 등에서 볼 수 있다.

(2) 섬유연골(fiber)

매우 질기며 압력과 견인의 힘이 크고 섬유성 결합조직과 구조가 비슷하다. 치밀한 교원섬유로 된 결합조직으로 사이사이 초자연골의 기질과 같은 부분이 있다.

(3) 탄력연골(elastic)

연골 중에 가장 탄력성이 풍부한 것으로 외이, 이관, 후두개 등에 있다.

3) 관절(joint)

관절이란 두 개 이상의 뼈가 연결되는 부위를 말하며, 관절낭, 활막, 활액, 연골, 인대, 등으로 이루어져 있다.

(1) 관절의 구조

관절을 형성하는 두개의 골단은 보통 한쪽이 볼록한 관절두(joint caput)와 오목한 관절와(joint fossa)가 있다. 관절은 연골로 덮혀있어 매끈하기 때문에 자유로운 운동이 가능하고 서로 부딪치지 않는다. 두 골단은 관절포로 싸여 있어 두 골단과 관절포에 의해 관절강이 형성되고, 속에 활액이 있어 골단의 충돌을 방지하고, 관절면의 마찰도 감소된다. 관절의 외측에는 인대가 두 뼈를 연결하고 있어 관절을 보호하고, 과도한 신전을 방지하는 역할을 한다.

(2) 관절의 종류

관절에는 구조에 따라 섬유관절(fibrous joints), 연골관절(cartilages joints), 윤활관절(synovial joints)로 세 가지의 종류로 분류된다.

① 섬유관절

두개골형으로 뼈사이의 공간이 거의 없으며 마주보는 관절의 두 뼈 사이에 들어 있는 구조물이 결합조직의 한 종류인 섬유조직(fib- rous tissues)일 때 그 관절을 섬유관절(fibrous joints)이라고 부른다. 일반적으로 두 관절면을 섬유조직이 강하게 이어주고 있어 뼈 사이의 움직임은 거의 불가능하다.

② 연골관절

두 뼈 사이에 들어 있는 구조물이 연골(cartilages)일 때 그 형태의 관절을 연골관절(cartilaginous joints)이라고 하며 유리연골결합(syn-chondroses)과 섬유연골결합(symphyses)으로 나눈다.

유리연골 형태의 관절에서는 움직임이 없고 또 성장 후에는 연골이 뼈로 바뀌게 되는 일시적인 관절이다.

섬유연골 형태의 관절은 약간의 움직임이 허용되고 운동의 정도는 이 섬유연골의 성질에 따라 달라지며, 척추사이결합(interver-tebral symphysis)과 두덩 결합(치골결합, pubic symphysis)이 부류에 속한다.

③ 윤활관절

윤활관절(synovial joints)은 두 뼈가 좁은 간격을 두고 떨어져 있고 그 바깥은 질긴 섬 유로 된 관절주머니(joint capsule)라는 자루에 의하여 둘러싸여 있으며 그 속에 윤활액 (synovial fluid)이 들어 있기 때문에 윤활관절이라는 이름이 붙여졌다. 윤활관절은 두 뼈자유롭게 움직이는 가동관절 예를 들면, 무릎, 손가락, 손목관절, 고관절 등이 이에 해당된다. 관절염은 움직임이 많고 자유로운 이러한 활막관 절(가동관절)에 주로 발생한다.

(3) 관절낭(joint capsule)

관절낭(joint capsule)은 두 개의 뼈를 단단히 연결시켜 주기 위해 관절을 둘러싸고 있는 질긴 막 또는 주머니이며, 그 내부에는 활막이 위치하고 있어 연골에 영양분을 공급해 주고 활액을 분비한다.

(4) 활액

활액은 관절의 움직임을 부드럽게 해주며 손상, 마찰로부터 관절을 보호하고 또한 뼈의 상단부위는 연골로 되어 있으며, 연골은 뼈들이 서로 직접 부딪쳐 부서지는 것을 방지하고 충격을 완화하는 스폰지와 같은 역할을 한다.

3. 근육의 구조와 기능

body shape management

1. 근육의 개요

사람은 생명이 시작되면서 움직이기 시작하여 생명이 끝날 때까지 계속 움직이는 특성이 있다. 몸 전체를 움직여 이동하기도 하고 몸의 부분만 움직여 특정된 범위의 일을 하기도 한다. 일반적으로 동물에서는 이러한 움직임이 먹이를 얻는 일과 종족을 번식시키는 생물의 일차적인 기능과 관련지어 해석되지만 사람의 경우는 이러한 생물학적 기능 외에도 사회적 또는 문화적인 활동을 위하여 움직임은 매우 중요한 뜻을 가지고 있는 점이 다르다.

움직이는 기능은 바깥으로 보이는 개체의 몸 전체의 이동이나 몸 부분의 공간적인 변화뿐만 아니라 몸 안에서도 끊임없이 일어난다. 먹은 음식물을 씹어서 삼키고 소화관을 통하여 내려보내는 일, 마신 공기를 허파에 넣었다가 불어 내는 일, 혈관 속에서 혈액을 순환시키는 일, 각종 분비물을 방출하거나 노폐물을 이곳에서 저곳으로 옮기는 일, 말을 하고 노래를 부를 때 성대문(목청)이 움직이는 일 등이 모두 보이지 않는 가운데 일어나는 근육의 움직임이다. 사람의 몸에서 이러한 모든 움직임을 일으키는 주된 기능은 근육(muscles)을 이루는 근육세포(muscle cells)가 하는 일로 근육은 인체의 모든 움직임을 조절하며 몸무게의 40~50% 이상을 차지한다.

하나의 골격근을 관찰해 보면, 표면은 근막으로 싸여 있고, 양끝은 힘줄로 뼈에 부착되어 있다. 하나의 근육은 수많은 근세포의 다발이다. 따라서 1개의 근세포를 근섬유라 한다. 근섬유의 지름은 약 100μm이나 길이는 근육에 따라 일정하지 않다. 손가락 근육에서는 수mm의 것도 있고, 대퇴부의 근육에서는 30cm 이상인 것도 있다. 근섬유와 근섬유 사이에는 모세혈관이나 신경이 들어 있으며, 간극은 결합조직으로 채워져 있다.

1) 근육의 구조

근육이란 근섬유 조직이 다발 형태로 구성되어 있는 것을 말한다.

근섬유는 근원섬유로, 근원섬유는 다시 근세사로 이루어져 있으며 모두 다발 형태를 띠고 있다. 근섬유를 구성하고 있는 근원섬유는 단백질 섬유인 여러 개의 근원세사로 되어 있는데 이러한 근원세사는 다시 가는 형태의 근세사와 두꺼운 형태의 근세사로 나누어진다.

다음은 근육구조의 단면도이다.

근육구조의 단면도

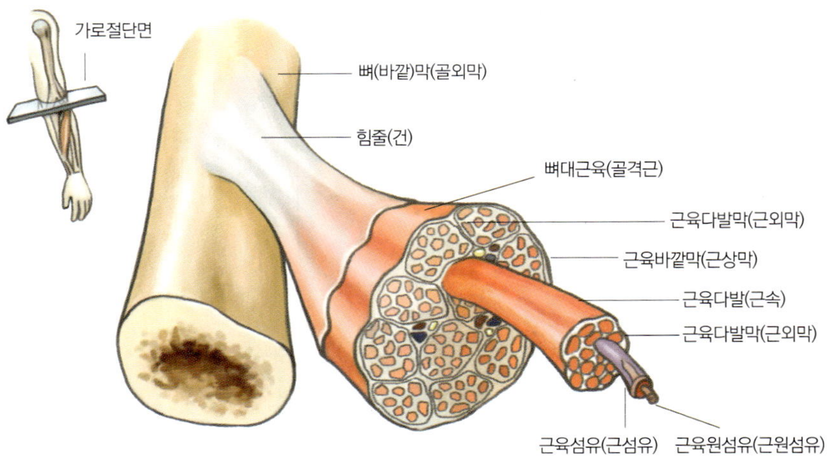

2) 근육의 모양에 따른 분류

근육은 모양에 따라 가로무늬근(Striated muscle)와 민무늬근(Smoth muscle)이 있다.

(1) 횡문근(가로무늬근, Striated muscle)

근세포에 밝은띠와 어두운띠가 있어 근조직을 광학 현미경으로 보았을 때, 가로무늬형태로 관찰되는 근육이다.

(2) 민무늬근(평활근, Smoth muscle)

광학현미경을 보았을 때 근세포에 가로무늬가 관찰되는 근육이다.

2. 근육의 종류

근육의 종류는 평활근(Smooth muscle), 골격근(Skeletal muscle), 심장근(Cardiac muscle)으로 분류된다.

근육의 3가지 유형

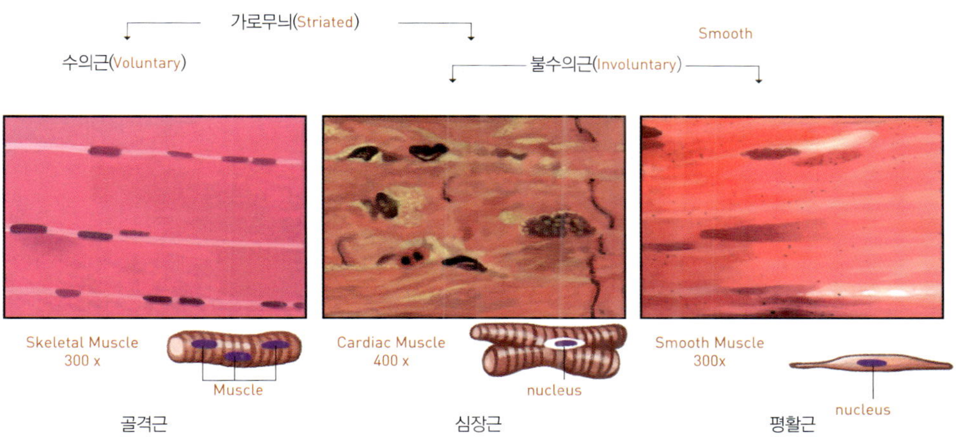

1) 평활근(Smooth muscle)

가로무늬가 없는 근육이며, 의지에 따라 수축할 수 없는 불수의근(involuntary muscle)이다.

심장 이외의 내장기관, 기관, 자궁, 소화관, 방광, 수뇨관 등의 벽에 분포되어 있다.

평활근은 여러 개의 세포가 다발 또는 얇은 판 모양을 이루고 있는 경우가 많으며 튜브 모양으로 된 내장 기관에서는 벽에 위치하기 때문에 수축으로 내부 공간을 좁힘으로써 공간 속의 내용물을 밀어내는 구실을 한다. 실제로 소화계통에서는 벽 속에 가로와 세로로 배열된 근육섬유가 있어 이들의 작용으로 벽이 움직임으로써 삼킨 음식물과 소화액을 충분히 섞어주는 일도 하며 그 다음 단계로 내용물을 밀어내도록 위나 장이 연동운동(peristalsis)을 하게 하는 주된 구조물이다. 방광이나 자궁 같이 내용물을 간직하고 있는 기관에서는 벽 속의 섬유가 불규칙하게 배열되어 서로 얼기설기 짜여져 있으며 이런 기관에서의 수축은 비교적 느리지만 내용물을 서서히 그러나 강하게 밖으로 밀어낸다. 혈관 벽 속의 민무늬근은 가로로 둘러져 둥근고리 모양으로 배열되어 있는데 수축으로 혈관 속 공간의 지름을 변화 시킨다. 피부의 털을 일으켜 세우는 털세움근(arrector pili muscle)이나 동공의 크기를 조절하는 동공 근육(muscles of pupil)도 모두 민무늬근 종류이다. 민무늬근은 자율신경의 신경자극으로 무의식 속에서도 자율적으로 움직여지는 불수의근이지만 일부 기관에서는 호르몬 자극에 의하여 국소적으로 민무늬근이 수축하는 경우도 있다.

2) 골격근(Skeletal muscle)

가로무늬가 있는 근육이며, 의지에 따라 수축할 수 있는 수의근(striated voluntary muscle)이다.

손, 발, 복배근, 혀, 인후(수의근), 안근, 성대, 항문 등에 분포되어 있다.

뼈대근(골격근 skeletal muscles)은 이름 그대로 뼈대 즉, 골격과 관계가 깊은 근육으로서 몸 부피의 약 40%를 차지하고 있으며 구성하는 세포 종류는 뼈대근육세포(skeletal muscle cells)이다. 일반적으로 근육의 양쪽 끝이 뼈에 붙기 때문에 수축으로 뼈와 뼈 사이의 관절을 움직임으로써 몸의 운동을 일으키는 운동장치(locomotor apparatus)에 속한다. 대부분의 골격근은 근육의 근두가 한 뼈에서 기시(orgin)하여 관절을 지나서 근육의 끝인 근미가 다른 뼈의 부분에 부착되어 정지(insertion)한다. 그러나 뼈대근 중에는 그 한쪽 끝 또는 양쪽 끝이 피부(예 : 얼굴근육 facial muscles)에 닿거나 내장 기관(예 : 안구근육

ocular muscles, 후두근육 laryngeal muscles)에 닿고 있기도 하며 심지어는 내장의 벽(예 : 식도의 위 2/3) 일부를 구성하고 있는 경우도 있어 이런 근육은 뼈대근이라는 이름과 반드시 일치하지는 않으며 기능적으로도 뼈대의 움직임과 관계가 없이 장기 전체의 움직임에 관여한다. 신경지배로 볼 때는 수의근도 있고 불수의근도 있으나 형태적으로는 모두 가로무늬근에 속한다.

관절의 움직임은 인체의 동작이나 자세 또는 공간적인 위치의 변화를 가져오기 때문에 골격근은 그 부착지점이 중요한 의의를 가진다.

3) 심장근(Cardiac muscle)

가로무늬가 있는 근육이며, 의지에 따라 수축할 수 없는 불수의근(striated involuntary muscle)이다.

심장근(cardiac muscles)은 심장에서만 볼 수 있는 근육으로서 세포에 가로로 무늬가 있는 길다란 심장근육세포(cardiac muscle cells)로 이루어져 있는데 심장 근세포는 중간에 갈라지기도 하고 다른 이웃 세포와 서로 연결되기도 한다. 심장 근세포는 여러 개가 뭉쳐 다발을 이루고 나선형 또는 소용돌이 모양으로 배열되어 심장의 벽 속에서 가장 두꺼운 층인 심장근육층(myocardium)을 구성하게 된다. 심장근은 신경 자극에 따라 리듬이 있는 수축을 함으로써 심장의 박동을 나타내게 하는 것이 주된 역할이다.

3. 근육의 기능

1) 근육기능의 분류

(1) 불수의근(Involuntary muscle)

자율신경계(autonomic nervous system)의 지배를 받는 근육으로 수축운동을 의지대로 할 수 없다.

(2) 수의근(Voluntary muscle)

체신경계(somatic nervous system)의 지배를 받는 근육으로 의지에 따라 수축운동을 한다.

2) 근육의 역할

(1) 운동

수축에 의해 신체의 일부나 전체를 움직이게 한다.

(2) 자세유지

부분적인 수축을 계속하거나 앉아 있는 자세를 유지하는 등의 신체자세를 유지한다.

(3) 열생산

모든 세포가 이화작용으로 열을 생산하지만, 골격근은 양적으로 많고 각 근세포의 활동성이 높아 체내의 대부분 열생산은 근세포들에 의한 것이라 할 수 있다.

근의 활동중에 방출되는 에너지의 75%가 열로 소모되고 나머지 25%가 힘을 발휘해서 체온의 항상성 유지에 중요한 기능을 한다.

3) 근육의 생리적 특성

(1) 수축성(contractilty) **:** 근섬유는 자극을 받으면 근원섬유의 길이가 수축한다.

(2) 탄성(elasticity) **:** 근섬유가 잡아당겨 길어졌을 경우 그냥 두면 원상태로 돌아간다.

(3) 흥분성(excitability) **:** 자극을 받으면 흥분하여 여러가지 변화를 일으킨다.

(4) 전도성(contuctivity) **:** 근섬유의 한끝을 자극하면 흥분이 근섬유 전체에 전달된다.

4) 근육의 분류

(1) 근육의 성질에 따른 분류 : 속근(백근), 백근(적근) 이 있다. 짧은 시간에 폭발적인 힘을 내는 '백근(白筋)'으로, 쉽게 단련되어 굵어지는 성질을 가지고 있다. 백근은 체형을 만들어주는 굵은 근육, 순간적인 힘을 발휘할 때 쓰는 근육으로 보디빌더의 울퉁불퉁한 근육이 바로 백근이다 .

(2) 근육의 부착에 따른 분류 : 근육이 수축할때 기시부분은 고정되어 있고 정지부분이 뼈와 함께 이동한다. 부착부에 따라 골격근, 관절근, 피근 등으로 구분한다.

(3) 형태에 따른 분류 : 방추상근, 우상근, 반우상근, 이두근, 삼두근, 사두근, 이복근, 다복근, 힘줄 근육 등이 있다.

(4) 작용에 따른 분류 : 굴근, 신근, 외전근, 내전근, 내회전근, 외회전근, 회내근, 회외근, 괄약근, 거근, 거상근, 산대근, 장근, 윤근, 손바닥근, 하체근 등이 있다.
또한 운동시 주동적으로 움직이는 주동근, 동일방향으로 운동하는 협력근, 반대방향으로 운동하는 길항근이 있다.

근육 앞면

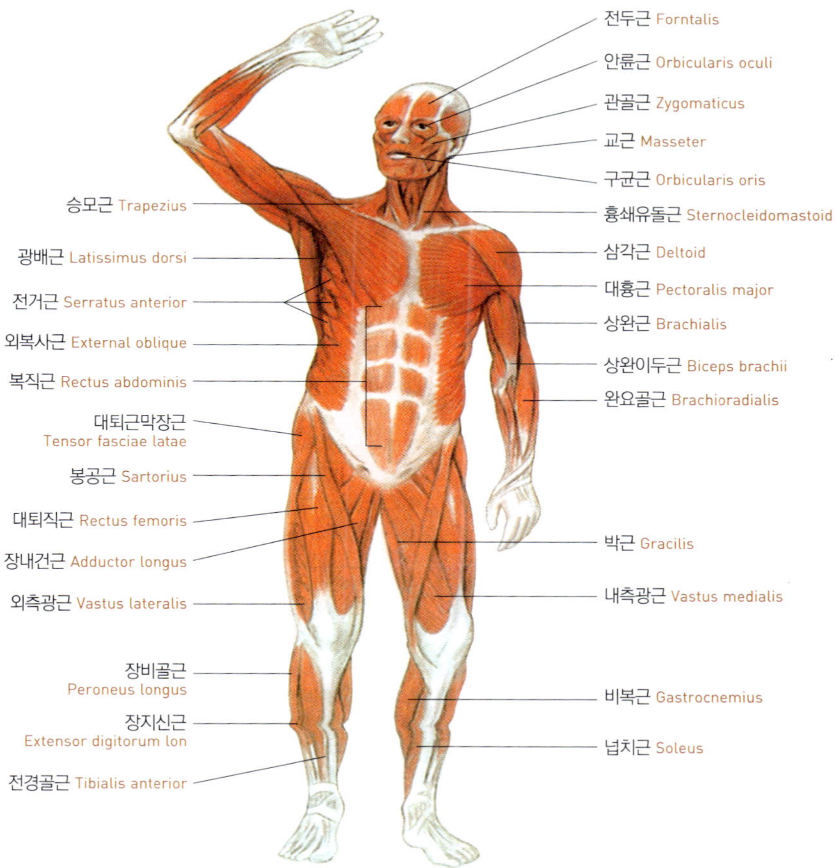

근육 뒷면

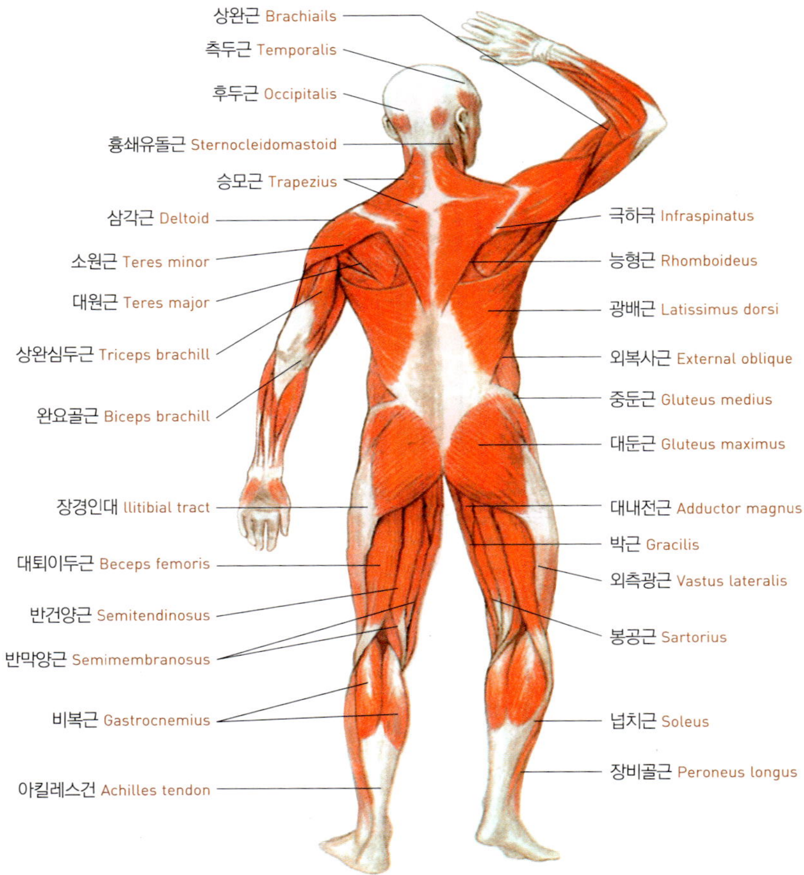
상완근 Brachiails
측두근 Temporalis
후두근 Occipitalis
흉쇄유돌근 Sternocleidomastoid
승모근 Trapezius
삼각근 Deltoid
소원근 Teres minor
대원근 Teres major
상완심두근 Triceps brachill
완요골근 Biceps brachill
장경인대 llitibial tract
대퇴이두근 Beceps femoris
반건양근 Semitendinosus
반막양근 Semimembranosus
비복근 Gastrocnemius
아킬레스건 Achilles tendon
극하극 Infraspinatus
능형근 Rhomboideus
광배근 Latissimus dorsi
외복사근 External oblique
중둔근 Gluteus medius
대둔근 Gluteus maximus
대내전근 Adductor magnus
박근 Gracilis
외측광근 Vastus lateralis
봉공근 Sartorius
넙치근 Soleus
장비골근 Peroneus longus

4. 근육의 부위별 명칭 및 기능

1) 얼굴근육

얼굴근육

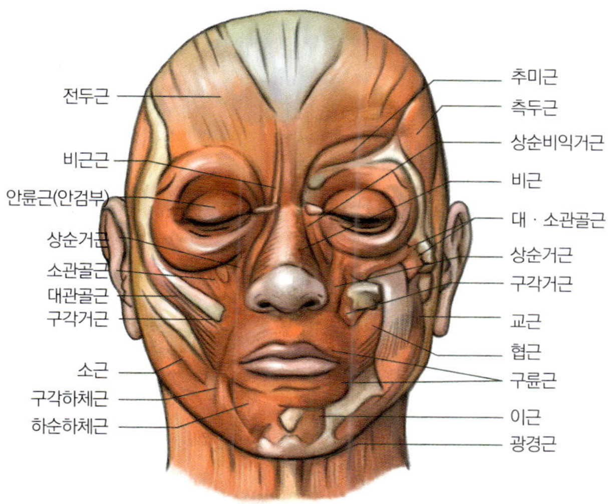

(1) 전두근(Frontalis) **:** 넓고 평평한 근육, 이마에 주름을 잡고 아울러 눈썹을 위로 올림

(2) 안와근, 안륜근(Orbicularis oculi) **:** 눈구멍을 둘러 싸고 있는 둥근 근육 눈꺼풀을 열고 닫게 함 눈의 아래 부분에서 뚜렷이 나타남

(3) 추미근(Corrugator) **:** 눈썹 사이(미간)에 2개의 수직 주름을 만드는 수축 작용 근육

(4) 상순거근/안와하근(Quadratuslabii superioris) **:** 위 입술을 위로 올리는 3개로 나누어진 근육

(5) 구륜근(Orbicularis oris) **:** 입을 둘러싸고 있는 둥근 근육

(6) 하순하체근(Depressor labii inferioris) **:** 아래 입술을 내리는 근육

(7) 이근(Mentalis) **:** 턱에 위치, 아래 입술을 위로 밀어 올림

(8) 구각하체근(Triangularis) **:** 입꼬리를 끌어내림

(9) 대관골근, 소관골근(Zygomaticus major, minor) **:** 입의 꼬리를 위로 잡아당기는 근육, 미소 (smile)

(10) 소근(Risorius) **:** 입의 꼬리를 수평을 잡아당김, 웃음

(11) 측두근 : 오목한 관자 놀이 부분에 위치 광대뼈 아치 위쪽과 미궁 옆에 있음

(12) 교근 : 턱의 근육 광대뼈로부터 턱으로 연결 비스듬히 뻗어 있음. 볼의 넓은 부분의 형태 좌우

(13) 안각근(Levator Labii Alaeque Nasi) **:** 코의 측면에서 위쪽 방향으로의 움직임 관장 입술을 들어올려 코의 양쪽 면에 주름을 잡히게 함

(14) 대치근(Levator anguli) **:** 윗 턱에서 나와 입의 끝부분에서 구륜근 속으로 들어감 입의 양쪽 끝을 잡아당겨 움직이게 함

2) 상지근육

상지의 근육은 흉곽 근육, 상완의 근육, 전완의 근육 및 손의 근육으로 나뉜다.

(1) 흉곽의근육

앞가슴 부위의 대부분은 대흉근이 차지하고, 이 근육의 깊은 곳에 세모꼴의 소흉근이 위치한다. 또한 쇄골의 하면에 쇄골아래근이 있다.

(2) 견갑부의 근육

상지연결대, 즉 쇄골과 견갑골 주위에서 상완골에 부착하여 어깨관절의 운동에 관여한다. 어깨관절을 덮고 있는 3각형 모양의 삼각근, 견갑가시 위아래에 있는 가시위 및 가시아래근, 견갑골의 외측모서리에 부착하는 큰 및 작은원근, 그리고 견갑골의 전면에 부착하는 견갑오목근 등 6개의 근육으로 구성된다.

(3) 상완의 근육

주로 상완골의 전면과 후면에 부착되어 있는 근육이다.

(4) 전완의 근육

이들 근육은 상완골 또는 요골 및 척골에서 시작되어 대부분은 손의 뼈에 가서 끝나며, 상완의 근육과 같이 굽힘근육군과 폐짐근육군으로 분류된다. 이들 근육은 손 또는 손가락을 움직이는 기능을 가지고 있다.

(5) 손의 근육

수근은 비교적 작은 소수의 근육으로 되어 있는데, 모지근(母指筋)·소지근(小指筋)·중수근(中手筋)의 세 종류가 있다. 모지근은 손바닥의 엄지손가락 밑둥에서 모지구(母指球)라고 하는 융기부를 이루며 엄지손가락의 운동에 관계한다. 소지근은 새끼손가락 밑둥에서 약간 볼록한 소지구(小指球)를 이루며 새끼손가락의 운동에 관계한다. 중수근은 모지근과 소지근 사이에 있어, 주로 손가락을 서로 모으거나 벌리는 운동에 관계한다.

팔근육

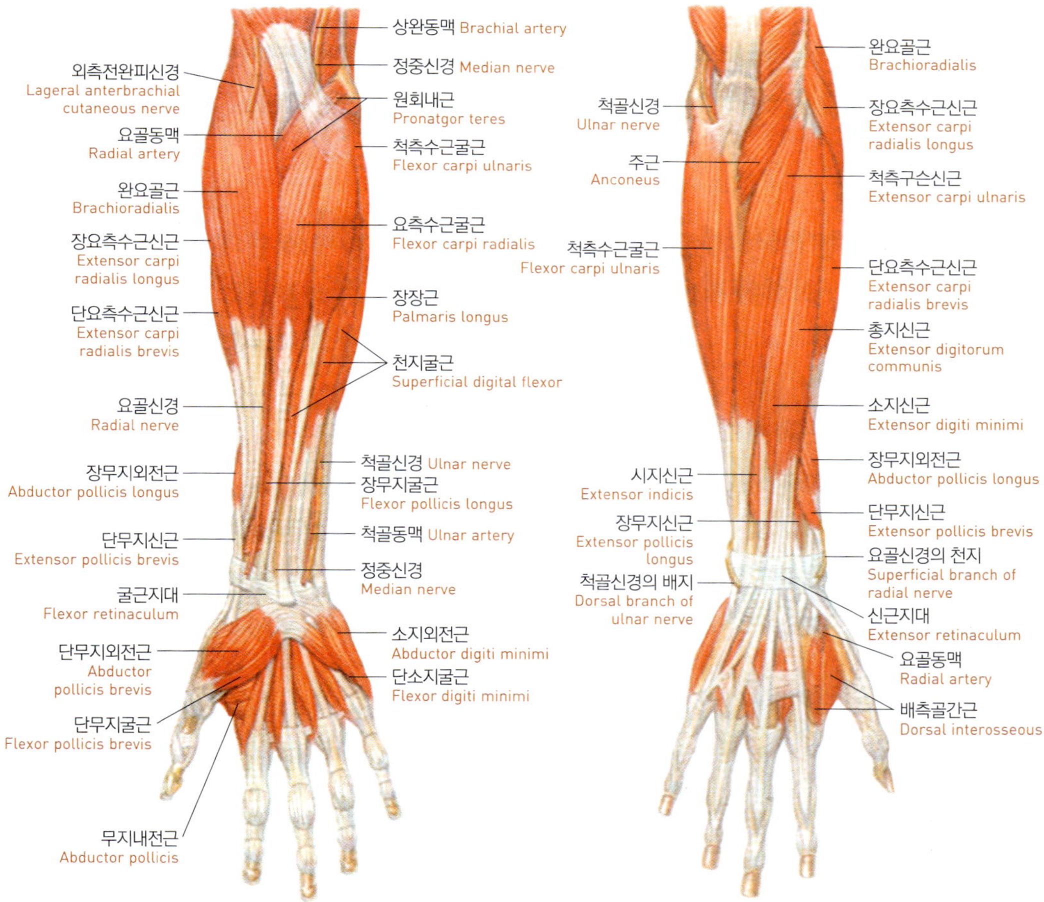

3) 하지 근육

하지의 근육은 분포되는 위치에 따라 하지연결대의 근육, 대퇴의 근육, 하퇴의 근육 및 발의 근육 등이 있다.

(1) 속관골근

이들 근육은 장골의 전면에 위치하는 근육으로 장골근, 큰허리근 및 작은허리근이 있으며 대퇴골의 작은대퇴돌기에 정지한다.

(2) 바깥관골근

일명 둔부근이라 불리우며 엉덩이 부위, 즉 둔부에 분포하는 10개의 근육으로 구성된다. 이들 근육의 기능은 대퇴관절의 운동 및 체중을 받치는 작용을 한다. 먼저 장골에서 시작하는 근육은 4개로 이들 중 큰 둔부근은 둔부의 제일 얕은 층에 두껍게 분포하며, 이 근육의 깊은곳에 중간 및 작은 둔부근이 위치한다. 또한 대퇴근막긴장근이 대퇴의 외측상방에 있다. 큰 둔부근육을 제거하고 나면 중간 둔부근의 아래에 천골과 좌골에서 대퇴골에 연결되는 6개의 작은 근육들이 관찰된다. 즉 위에서부터 차례대로 좌골구멍근, 위쌍동이근, 속폐쇄근, 아래쌍동이근 및 대퇴사각근이 위치하며, 가장 깊은 곳에 바깥폐쇄근이 관찰된다. 좌골구멍근의 아래에 보면, 우리 인체에서 가장 굵은 신경인 좌골신경이 둔부에서 대퇴의 후방을 따라 내려오는 것을 관찰할 수 있다.

(3) 대퇴의 근육

대퇴의 근육은 앞면에 있는 펴짐근육군, 내측에 있는 내향근육군 및 뒤에 있는 굽힘근육군 등 3개의 군으로 분류된다. 대퇴근의 표면은 강한 대퇴근막으로 덮여있다. 그러나 샅인대의 내측부분의 아래에는 근막이 결손되어 생긴 타원형의 오목한 부분이 있어 이 구멍을 통하여 하지의 얕은정맥인 큰복재정맥이 대퇴정맥에 합류한다. 대퇴근막은 앞면에서부터 외측에 걸쳐 특히 두껍다.

(4) 하퇴의 근육

이들 근육은 하퇴의 전방에 있는 펴짐 근육군, 뒤에 있는 굽힘 근육군 및 외측에 있는 비 골 근육군등 3개의 군으로 분류된다. 상지의 팔목주위에서와 마찬가지로 발목주위에서도 근육을 싸고 있는 근막이 두터워져 펴짐근 및 굽힘근지지띠를 형성해 발에 연장되는 힘줄을 고정시키는 역할을 한다.

하지 근육

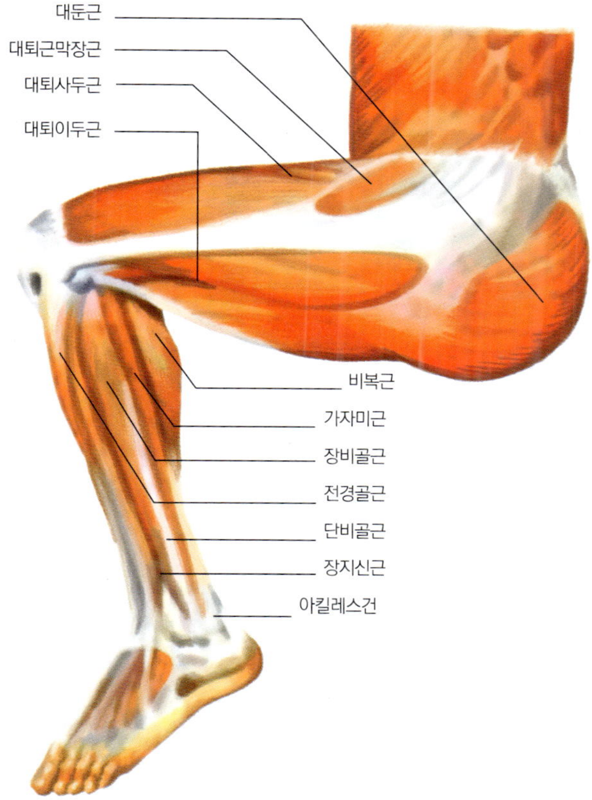

4. 장기의 구조와 기능

body shape management

1. 간

1) 간의 위치

간은 사람의 몸에서 가장 큰 선으로서 명치의 바로 밑에 오른쪽으로 치우쳐 놓여 있는데 대부분 갈비뼈 밑에 있다. 정상적인 상태에서는 간이 밖에서 만져지지 않는다. 그러나 간이 부어 오르면 밖에서도 만져진다.

2) 간의 구조

간은 검붉은색으로 비교적 말랑 말랑한 몸체로서 무게는 약 1.3Kg이나 되고, 위는 둥글고 밑은 우묵하며, 우엽과 좌엽으로 크게 나누어져 있다. 우엽 즉, 오른쪽 간이 훨씬 크다.

3) 간의 기능

(1) 담즙을 만든다. 간에서는 하루에 600cc 정도의 담즙을 만들어 소장으로 보내어 소화를 돕는다. 담즙은 음식물 중에서 지방분을 소화하는데 큰 도움을 주는데 병으로 담즙의 흐름이 어려우면 황달을 일으킨다. 대변의 색이 노란 것은 담즙의 색이다.

(2) 혈액을 만드는 일을 하며 피 속에 있는 적혈구의 성숙을 돕는 물질을 만든다.

(3) 혈액을 저장해 두었다가 피를 많이 흘렸을 때 저장한 혈액을 동원한다.

(4) 알부민을 만든다. 영양분의 하나인 알부민은 간에서 만든다.

(5) 해독작용을 하며 혈액속에 있는 독이 있는 물질을 뽑아내어 담즙에 섞어 배설한다.

(6) 이 밖에도 간에서는 더 많은 일을 하고 있다. 장기 중에서 가장 일을 많이 한다

2. 담(쓸개)

1) 담의 위치

담은 명치 즉, 횡격막의 바로 밑에 오른쪽에 치우쳐 놓여 있는 간의 오른쪽 덩어리 즉, 우엽의 밑에 붙어 있다. 윗쪽은 간의 밑에 바짝 붙어 있고 복막에 덮여 있으며 매끈하다

2) 담의 구조

담(쓸개)은 뚱뚱한 가지 모양의 주머니 같기 때문에 담낭이라 불린다. 크기는 7~10Cm, 속에 쓸개즙을 담을 수 있는 양은 35~40cc이다. 담낭은 간에 연결된 간관과 담낭관 및 총담관에 연결되어 있다. 총담관은 또 소장의 십이지장에 연결되어 있다.

3) 담의 기능

담낭은 간에서 만들어진 담즙(쓸개물)을 그 속에 저장하며 담즙 속에 있는 물기를 12분의 1까지 농축시키는 일을 한다.

그리고 음식물이 위에서 십이지장으로 내려오게 되면 반사적으로 담낭이 수축되며 담즙을 쏟아내어 총담관을 통해 십이지장을 내려보낸다. 총담관이나 간관에 담석이 막히거나, 간 또는 담낭에 병이 생겨 담즙의 배설이 안되면 결국 답즙 성분이 핏속으로 거꾸로 흘러들어 황달이 일어난다. 담즙 즉, 쓸개즙은 간에서 하루 약 600cc정도가 만들어져 담낭에 보관된다.

담즙의 색깔은 미녹색이다. 이 미녹색이 물에 풀어지면 노란색을 띠는데 대변의 노란색이 담즙색이다. 담즙은 소장속에서 지방분 즉, 기름기를 소화하는데 작용한다.

3. 심장

1) 심장의 위치

혈액을 온 몸에 돌려주는 원동력인 심장은 가슴속의 좌, 우폐 사이에 끼여 있으며 3분의 2가 왼쪽으로 치우쳐 있고, 심장 끝이 왼쪽 젖꼭지 밑에 있다.

2) 심장의 구조

심장의 크기는 거의 자기 주먹만하며 길이는 약 12~15Cm 정도이고 무게는 250~300g정도이다. 모양은 "피망"과 흡사하다. 위는 뭉툭하고 둥글며 끝은 뾰족하여 이것을 심첨이라 하는데, 이 심첨은 왼쪽 젖꼭지 밑의 앞가슴에 가깝게 닿아 있다. 왼쪽 젖가슴을 눌러보면 손에 툭툭 와 닿는 것이 심첨박동이다. 심장속을 심내강이라 하는데 네 칸으로 나누어 있고 심장에는 여덟 개의 혈관이 출입하고 있으며, 심장의 근육에 영양분과 산소를 공급하는 혈관을 관상동맥이라 한다.

3) 심장의 기능

심장은 온몸에서 모여든 정맥혈을 폐로 보내어 산소를 공급 받은 동맥혈을 다시 받아 들여, 이것을 온몸에 나누어주는 펌프역할을 하고있다. 심장은 1분간 70~80회를 박동하고 있다 이 박동이 빠르면 열 오르고 늦으면 차진다.

4. 소장 (작은창자)

1) 소장의 위치

소장 오른쪽 상복부에 있는 위의 유문에서 이어져 끝으로 내려가 배꼽 밑에 하복부 중앙에 위치한다. 그리고 오른쪽 하복부에서 대장의 맹장에 이어진다. 바로 하복벽의 밑에 자리잡고 있다

2) 소장의 구조

소장은 둥근 기둥모양의 소화관으로 길이는 약 6~7Cm 정도이고 굵기는 윗부분이 약 4Cm, 아랫부분이 약 2Cm 정도이며 십이지장, 공장, 회장 세부분으로 나누어져 있다. 십이지장에는 총담관이 이어져 있으며 십이지장은 길이가 손가락 12개를 포개 놓은 길이라고 하여 붙여진 이름으로 길이가 약 25Cm 정도이며 영어의 C자 모양이다. 공장과 회장은 모두 부채모양의 장간막에 의해서 후복벽에 붙어있다. 소장 속의 점막에는 둥글둥글한 차바퀴 모양의 주름이 있고 여기에는 비로드천에 솟은 털모양의 융모가 있는데 여기서 영양분을 흡수한다.

3) 소장의 역할

소장은 꿈틀 꿈틀 움직이는 연동 운동을 하며 내용물을 항문쪽으로 이동시킨다. 그리고 소장 속의 점막에는 장액을 만들어 내는 장선이 있는데 여기서 소화흡수를 하는데 필요로 되는 끈적끈적한 알카리성액을 만들어 낸다.

소장에서는 우리가 먹은 음식물중에서 영양분을 빨아들이는데 주로 췌액의 작용에 의한다. 그리고 쓸개즙(담즙)과 장액이 소화흡수를 돕는다. 물도 영양분의 일종으로 주로 소장에서 빨아들인다.

5. 비장(지라)

1) 비장의 위치

비장은 왼쪽 갈빗대가 끝나는 곳에 있으며 명치 및 위의 뒤에 있으며 등에 붙어 있다.

2) 비장의 구조

비장의 무게는 약 200g정도이고, 길이는 약 12Cm 정도이며 편편하고 둥근 모양으로 얇은 피막에 쌓여 있고 바깥쪽은 불룩하고 안쪽 면은 위와 신장(콩팥)에 붙어 있으며 오목하다. 비장은 인체에서 가장 큰 임파기관 이다.

3) 비장(지라)의 기능

혈액을 만드는 일과 혈액을 저장하는 일, 쓸모 없는 적혈구를 파괴하는 일, 피 속에 균이 들어오면 이것을 없애주는 면역체를 만드는 일 및 임파구를 만들어 저장하는 일 등을 하고 있다.

6. 췌장(이자)

1) 췌장의 위치

췌장은 아주 큰 소화선 즉 소화액을 만들어 내는 곳으로서 위의 뒷쪽, 척추 뼈의 앞에 가로 누어 있으며 췌장의 머리는 십이지장에 둘러 싸여 있다. 첫 번째와 두 번째 허리뼈 높이에 위치한다. 그리고 췌장의 꼬리 부분은 비장에 닿아 있다.

2) 췌장의 구조

췌장은 길이가 약 12~15Cm 정도이고 무게는 70g 가량으로 앞쪽만이 복막에 덮인 복막 뒷쪽에 있다. 모양은 편편하고 길며 마치 혓바닥 같이 생겼으며 빛깔은 핑크 색이고 물렁물렁한 장기이다. 췌장은 다음과 같은 두 종류의 분비선 즉 체액을 만들어 내는 샘 을 갖고 있다.

외분비선 = 이곳에서는 췌액을 만들어 소장으로 보내어 소화흡수를 돕는다.
내분배선 = 이곳에서는 인슐린이라는 호르몬을 만들어 피 속으로 보낸다.

3) 췌장의 기능

췌장은 다음과 같은 두 가지 큰일을 한다. 하나는 만들어진 췌액을 십이지장으로 해서 소장 속으로 보내어 소화흡수를 돕는 일을 하고, 하나는 "란겔한스"라는 세포에서 호르몬 "인슐린"을 만들어 직접 핏속이나 임파속으로 넣어주어 핏속의 당분(설탕)의 양을 조절하는 일을 한다. 이 "인슐린"의 생산이 모자라면 피소에 당분이 지나치게 남아돌게 되며 당뇨병을 일으키게 된다.

7. 위장

1) 위의 위치

위는 소화관중에서 가장 크고 넓은 부분이며 횡격막 즉, 명치의 바로 밑 왼쪽으로 갈빗대가 끝나는 부분에 비스듬히 놓여 있고 간의 왼쪽 부분이 위를 덮고 있다. 쉽게 말해서 위는 배꼽 위의 상복부에 왼쪽으로 치우쳐 있다.

2) 위의 구조

위의 형상 즉, 모양은 커다란 주머니 같이 생겼으며 매우 신축성 즉, 늘어났다 줄어들었다 하는 큰 장기인데 체격과 몸의 위치에 따라 또 시간에 따라 음식을 먹고 안 먹음에 따라 그 모양, 크기 및 위치에 변화가 많다. 위에 음식이 들어갈 수 있는 양은 어른의 경우 1200~1500cc정도이다. 위와 식도가 연결되는 곳은 분문, 위가 소장의 윗부분인 12지장과 연결되는 곳을 유문이라 한다.

위벽의 구조는 매우 두꺼운데 점막, 근층, 장막 세겹으로 되어 있다. 위의 속에 있는 안껍질을 위점막이라 하는데 붉고 부드러우며 길이로 큰 주름을 이루고 있다. 이 점막에는 많은 선을 간직하고 있다. 이것을 위선이라 하는데 이곳에서는 소화에 꼭 있어야 하는 위액을 만들어 낸다. 위액은 하루에 1.5리터 가량 나온다. 위액의 성분의 수분, 염산(위산이라고 함), 레닌, 리파제 등이다.

3) 위의 기능

위는 일정한 사이를 두고 율동적으로 되풀이되는 운동을 한다. 이 운동에 의하면 음식물을 위액과 섞으며 묽은 죽과 같이 부수어 놓는 일을 한다. 이것을 위의 소화작용이라 하며 죽과 같이 된 음식물을 소장으로 내려 보내는 일도 한다. 위가 정상인 경우는 3~5시간에 소화되어 소장으로 내려보낸다. 위에서는 영양분을 거의 흡수하지 않고 알콜과 약간의 당분을 흡수할 뿐이다.

8. 폐(허파)

1) 폐의 위치

폐는 숨을 쉬는데 가장 으뜸되는 일을 하는 곳으로 가슴 속에 있다. 심장의 양쪽에 놓여 있으며 둥글고 위는 뾰족한 원추형으로 좌, 우에 있으며 한쌍이다.

2) 폐의 구조

높이가 약 25Cm, 무게가 약 500~650g이며 우폐는 좌폐보다 약간 크고 무겁다. 폐는 기관지, 가는 기관지, 폐포, 폐동맥 및 폐정맥의 가지들로 덩어리지어 있다. 색깔은 검붉은 색으로 말랑말랑하며 탄력성이 있는 스폰지모양의 장기이다. 폐 끝은 약간 둥글고 뾰족하며 밑은 움푹 패여 있다. 우폐는 세쪽, 좌폐는 두쪽으로 갈라져 있다.

3) 폐의 기능

코, 인두, 후두, 기관, 기관지, 폐들이 일을 하여야 하는데 이들 중에서 폐가 으뜸되는 장기이다. 코, 인두, 후두, 기관, 기관지는 숨을 쉴 때 공기가 들어오는 길이 즉, 기도이고 폐에서 공기 속에 있는 산소를 핏속으로 넣어주고, 핏속에 있는 탄산가스를 뽑아 내어 밖으로 내보내는 일을 하고 있는 것이다. 숨을 내 뱉는 것을 "호"라 하고 숨을 들이쉬는 것을 "흡"이라고 하는데 이것이 연속적으로 일어나기 때문에 호흡이라 한다. 호흡을 하는 데는 횡격막 즉 명치가 중요한 역할을 하는데 숨을 들여 마실 때 배가 불룩하게 부풀어 오르는 것은 명치가 밑으로 내려오기 때문이다.

9. 대장 (큰창자)

1) 대장의 위치

대장은 소화관의 맨 끝부분인데 하복부의 오른쪽 밑에서 소장과 이어서 뱃속을 한바퀴 돌아 항문에서 그치는데 배꼽 밑을 가로질러 놓여 있다.

2) 대장의 구조

대장은 길이가 약 1.5m이며, 직경이 약 8Cm되는 굵은 소화관이다. 대장은 위치에 따라 맹장 결장 직장으로 구분한다. 맹장은 소장과 이어지는 부분이며 맹장끝에 충수돌기가 달려있다. 충수돌기는 길이가 약 8~10Cm 굵기가 0.5~1Cm 정도로 끝이 막혀있으며, 이것이 세균 등으로 감염되면 염증을 일으키는데 이것을 속칭 맹장염이라 한다. 결장은 대장의 가운데 부분인데 또 상행결장, 횡행결장, 하행결장, S상결장과 같이 넷으로 구분한다. 직장은 S상 결장에 이어져 둘째 허리뼈 높이에서 천골(응치뼈)정중앙을 따라 밑으로 내려가 꼬리뼈 끝에서 급히 뒷쪽으로 굽어져 항문으로 열리는 15Cm 정도의 대장 끝부분이다. 대장속에서 소장속의 점막과는 달리 영양분을 빨아들이는 융모가 없고 매끈하다. 항문이 오므라져 있는 것은 항문부의 근육을 닫고 여는 내괄약근과 외괄약근이 있기 때문이며 배변을 할 때면 이 근육이 늘어나 항문이 열린다.

3) 대장의 기능

대장에는 교감신경과 부교감신경이 분포되어 있어 운동을 조절한다. 대장의 운동으로 변이 항문쪽으로 이동된다. 대장은 소장에서 영양분을 흡수한 음식물의 찌거기를 썩히는 일을 하고 있다. 대장 속에는 많은 세균이 있어 이것이 가능하며 음식물이 썩을 때 가스가 생기며 부피가 줄어들게 된다. 대장에서는 약간의 수분과 염류만을 흡수하고 대변 덩어리를 형성하고 배변을 하는 일을 담당하고 있다.

10. 신장 (콩팥)

1) 신장의 위치

신장은 오줌을 걸러내는 일을 하는 장기로서 좌우 한쌍이 있다. 뱃속의 뒷쪽 윗부분에 있는데 윗쪽 끝은 열두 번째 등뼈 높이에서 밑쪽의 끝은 세 번째 허리뼈 사이에 걸쳐 등에 딱붙어 척추뼈를 가운데 두고 마주보고 있다.

2) 신장의 구조

신장은 붉은 콩모양을 하고 있으며 붉고 거무튀튀하다. 길이가 약 10Cm, 넓이가 약 5Cm, 두께가 약 3Cm, 무게가 약 120g 정도이며, 일반적으로 오른쪽 콩팥 즉, 우신이 왼쪽 콩팥 즉, 좌신보다 약간 낮게 있으며, 좌신이 우신보다 약간 크다.

신장은 질긴 피막 즉 껍질에 쌓여 있고 또 전체가 두껍고 노란 기름덩이에 쌓여 있다. 붉은 콩같이 오목한 곳은 신문이라 하는데 오줌이 흘러 내려가는 수뇨관과 혈관이 드나들고 있다.

3) 신장의 기능

신장의 속은 신우, 피질, 수질로 나누어지는데 피질속에 있는 신소체 라는 곳에서 오줌을 걸러내고 있다. 오줌은 몸 속에 생긴 노폐물이나 독이 있는 물질과 남아도는 물을 콩팥에서 걸러낸 것이다.

신은 몸 안에 수분의 양을 일정하게 보전하는 일을 하며, 염기, 즉, 소금기를 몸 전체에서 고루 퍼지게 하고 산도를 조절하는 역할을 하고 있다. 고로 신장에 병이 생기면 오줌에 즉각 반응이 나타나고, 온몸에 붓는 증세가 오며, 염기와 산도가 지나치게 몸 안에 쌓이게 되어 혈압이 올라가게 된다.

11. 방광 (오줌보)

1) 방광의 위치

방광은 하복부의 맨 아래쪽 가운데 치골의 뒷쪽에 있다. 남자는 직장 앞에 놓여 있고, 여자는 자궁과 질(생식기) 앞에 놓여 있다.

2) 방광의 구조

방광은 근육으로 된 큰 주머니 같은 기관이다. 오줌이 약 500cc가 들어 갈 수 있으며, 오줌이다 흘러내리면 바람 빠진 고무풍선 같으나 오줌이 가득 차면 둥굴납작한 타원형이다. 방광의 끝에는 요도와 연결되고 윗쪽에는 신장으로 이어져서 오줌이 흘러 들어오는 수뇨관과 연결되어 있다. 요도는 오줌을 눌 때 오줌이 흘러내리는 끝부분이다.

3) 방광의 역할

방광은 신장에서 수뇨관을 통해 내려보내진 오줌을 저장하였다가 주기적으로 하루 네다섯 번 몸 밖으로 배설하는 일을 한다.

앞에서 본 장기

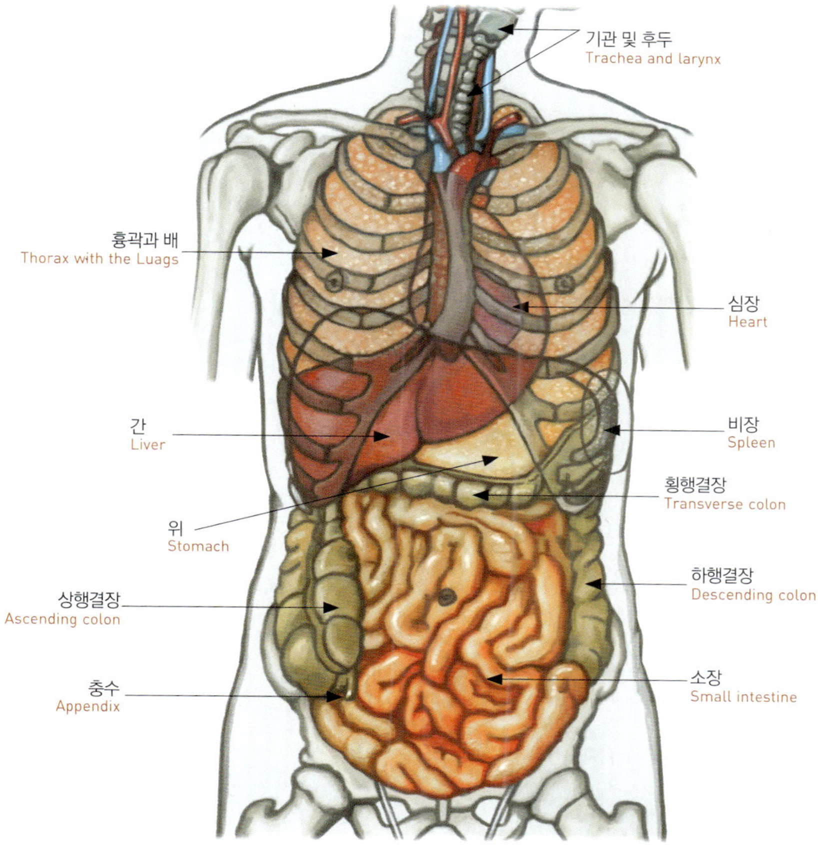

기관 및 후두
Trachea and larynx
흉곽과 배
Thorax with the Luags
심장
Heart
간
Liver
비장
Spleen
횡행결장
Transverse colon
위
Stomach
하행결장
Descending colon
상행결장
Ascending colon
소장
Small intestine
충수
Appendix

뒤어서 본 장기

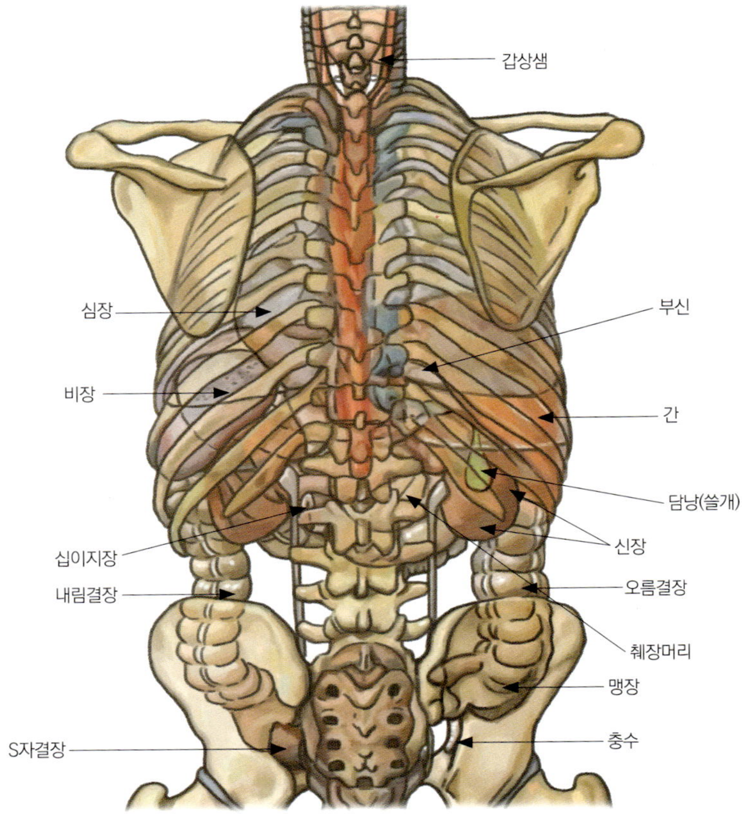

5. 마사지의 종류와효능

body shape management

마사지(massage)란 그리스어로 'masso' 또는 'massein'과 라틴어의 'massa'에서 유래한 것으로 '부드럽게 만지는 것' 또는 '주무르기'라는 의미로 고대부터 아픈부위을 자연스럽게 주무르고, 문지르고 하여 통증을 완화 시키고 질병을 치료하는 행위이다. 마사지의 그 기원과 역사는고대 그리스, 로마, 이집트, 중국, 인도 등의 나라에서 찾아볼 수 있다. 마사지는 주로 손을 이용하여 국소 또는 전신을 쓰다듬기, 문지르기, 주무르기, 두드리기, 스트레칭 등의 다양한 방법을 이용하여 신체의 신진대사를 원활하게 하여 통증과 스트레스를 완화시켜 건강을 유지 관리하는 자연치유방법이다. 따라서 마사지의 효과는 우리 인체의 신경계, 근육계, 림프계, 호흡계의 전반적인 효과가 있어 질병예방과 치유에 도움이 된다.

오랜 역사를 가진 마사지는 오늘날 현대사회에서도 웰빙(well-being) 열풍을 타고 인체의 자연치유력을 높여주는 자연요법으로 인식되어져 남녀노소 모든 사람들의 건강관리법으로 생활화 되어 있다. 체형관리에서도 손을 이용한 다양한 마사지 수기요법들이 건강하고 아름다운 체형을 만들기 위해 다각도로 활용되고 있다.

1. 스웨디시 마사지(Swedish Massage)

스웨디시 마사지는 스웨덴의 생리학자 피터 링(Pehr Hendrick Ling 1776~1839)이 자신의 류머티즘 치료를 목적으로 연구하던 중 개발하게 되어 발전된 마사지 기법으로 인체에 대한 과학적이고 체계적 마사지 형태로 유럽뿐만 아니라 전 세계적으로 가장 기본적인 마사지 기법으로 널리 사용되어지고 있다.

스웨디시 마사지의 특징은 혈액을 심장쪽으로 보내는 테크닉으로 혈관에 적당한 압력을 가해 정맥흐름이 심장방향으로 흐르게 도와 정신적 안정을 되찾아 주는 혈액순환(circulation) 마사지이다. 그 당시엔 마사지는 강한압을 주어 어느정도 고통스러움을 겪어야만 치료 효과가 있다는 의견이 지배적이었지만 점차적으로 가벼운 마사지가 신체에 더욱더 효과적이라는 여러학자들의 연구 결과가 나오면서 여기에 적합한 마사지의 수기요법이 바로 스웨디시 마사지이다. 초기에는 주로 병원에서 환자들의 치료목적으로 시술되어지다가 점차 일반인에게까지 확대되면서 대중적인 마사지로 자리잡게되었다. 스웨디시 마사지는 오일을 사용하는 마사지 기법이므로 고객이 탈의를 하고 마사지를 받아야 하기 때문에 고객이 수치심을 느끼지 않도록 마사지 부위만을 노출하게해 최대한 고객을 배려하는 차원에서 시트 커버링(sheet covering) 테크닉이 등장하게 되었고 이는 현재까지 스웨디시 마사지에서 매우 중요한 매너로 인식되어져 오고 있다.

스웨디시 마사지

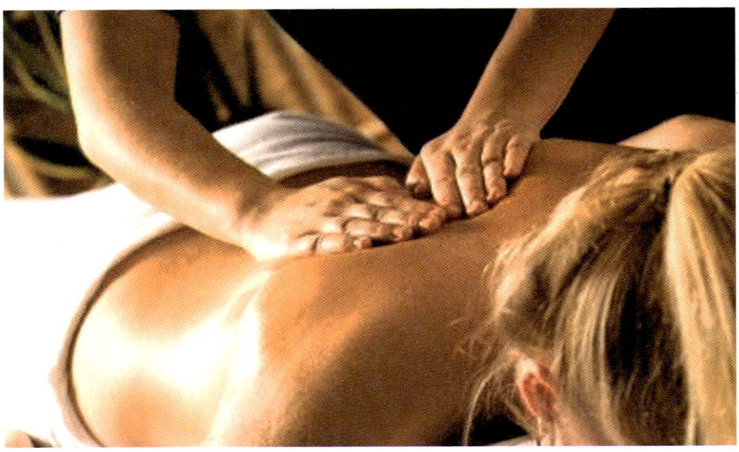

1) 스웨디시 마사지 기본동작

쓰다듬기 (Effleurrage : 경찰법)

주무르기 (Petrissage : 유연법)

문지르기 (Friction : 강찰법)

두드리기 (Tapotement : 고타법)

진동하기 (Vibration : 진동법)

마사지 시작과 마지막 동작은 쓰다듬기(Effleurage)동작을 사용하며 마사지방향은 심장쪽으로 향하여 부드럽고 리드미컬하게 실시한다. 즉, 심장의 먼곳부터 시작해서 심장의 가까운 쪽으로 실시한다.

2) 스웨디시 마사지 효과

① 혈액, 림프순환 및 신진대사를 촉진시킨다.

② 적혈구와 백혈구 생성을 촉진한다.

③ 근육과 관절을 유연하게 한다

④ 신경반사구 자극에 의한 통증을 완화시킨다.

⑤ 스트레스, 우울증, 불면증을 완화한다.

3) 금기사항

① 열이나고 붓고 염증이 있는 상태, 여드름, 습진, 수술 후 상처 종기가 있는 상태

② 골절이나 손목, 발목, 무릎 등 관절이 심하게 삐었을 때

③ 심장에 관련된 질병이나 고혈압

④ 정맥에 염증과 통증, 붓기가 일어나는 정맥염

2. 림프드레나쥐(Lymphdrainage)

림프드레나쥐 즉, 림프 마사지(Lymphdrainage)는 1930년대 덴마크의 생물학자 에밀 보더(Emil Vodder) 박사와 그의 부인이 림프부종에 대한 치료의 목적으로 연구개발하게 되었고 이후 1936년 프랑스 파리에서 림프 마사지를 처음 선보이게 됨으로써 림프계 역할의 중요성을 인식하게함과 동시에 새로운 마사지법으로 알려지게 되었다. 그 이후 1957년 비엔나에서 개최된 시데스코 세계대회에서 보더 박사의 림프 마사지와 그 효과가 피부미용인들에게 소개되면서 대중화되기 시작하여 현재까지 보더 박사 림프 마사지법은 계속 발전 개선되어오고 있다. 인체의 순환계는 동맥과 정맥 즉, 혈액이 흐르는 혈액순환과 각종독소와 노폐물을 운반하는 림프순환이 있다. 혈액순환은 우리몸에 산소와 영

전신의 림프절

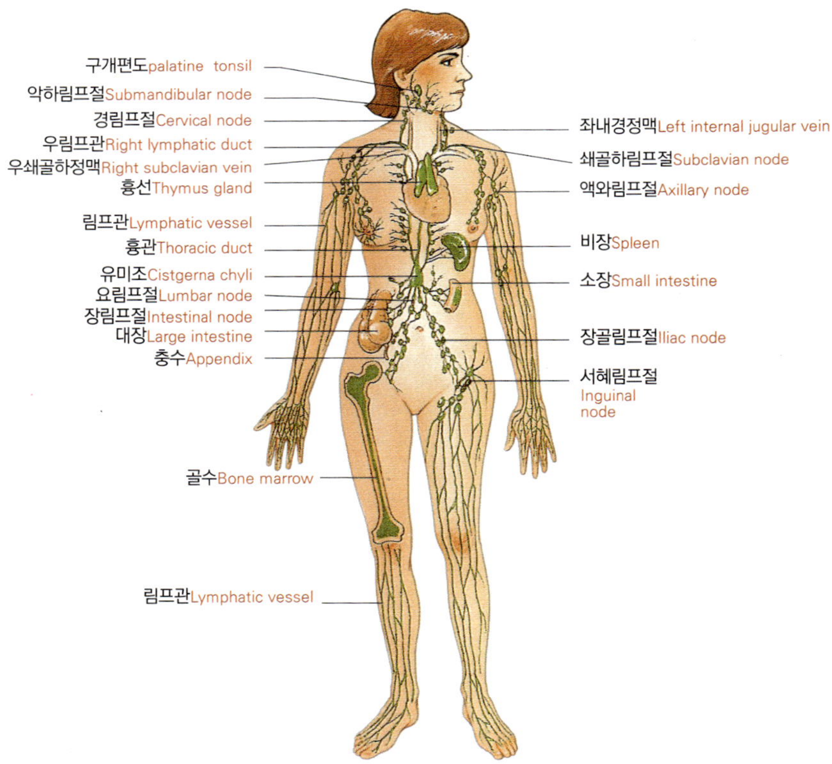

양분을 공급해주는 반면 림프순환은 노폐물과 독소를 체외로 배출시키고 외부의 항원에 대한 면역반응을 일으켜 생체를 방어하는 면역기능을 한다.

림프 마사지는 인체를 미세하게 자극하여 즉, 림프관과 림프절에 자극을 주어 림프 흐름을 촉진시켜 조직에 정체된 수분과 노폐물, 독소 등을 배출시켜 주므로 부종을 없애주는데 효과가 있으며 면역기능을 강하게 하여 인체의 저항력을 높여주는 효과가 탁월하다. 림프드레나쥐의 적용시 강한압은 주지않으며 적당한 손의 압력은 30~40mmHg가 적당한데 이는 손에 힘을 뺀 손가락 무게 정도로 부드럽게 펌핑을 실시하고 림프 흐름의 방향은 신체부위마다 다르나 대부분 림프절이 있는 곳으로 흐르기 때문에 림프의 방향대로 실시하며 중요 림프절인 터미누스, 액와부, 서혜부를 통하여 심장으로 배출되도록 실시한다. 피부관리 안면관리 부분에서는 여드름, 알레르기, 부종, 모세혈관 확장 피부와 같이 문제성 피부관리에 적용하며 특히 성형수술이나 수술한 후 부기를 빠르게 가라앉히고 흉터를 최소화하는데도 효과가 있어 림프 마사지를 적용한다. 전신관리의 경우 얼굴 → 다리 → 배 → 가슴 → 팔 등의 순서로 실시하며 시술 시간은 1~2시간으로 깊은 애정과 정성이 요구되는 마사지이다.

1) 림프드레나쥐 효과

① 독소 및 노폐물을 배출시키고 부종을 해소한다.
② 혈액순환 및 림프순환을 촉진시켜 면역기능을 높여준다.
③ 자율신경을 조절하여 신체의 균형유지와 스트레스를 해소한다.
④ 근육이완으로 심리적인 안정을 돕는다.

2) 금기사항

① 통증이 심하게 유발되는 염증이 있는 경우 금한다.
② 악성종양이 있는 경우 림프관을 타고 암이 전이 될수있으므로 금한다.
③ 갑자기 부종이 발생하여 감염이 우려되는 경우 금한다.
④ 심장질환이 있는 경우 림프액을 이동시켜 심장에 부담을 줄 수 있으므로 금한다.

3. 경락 마사지(經絡)

경락(經絡)은 경맥(經脈)과 낙맥(絡脈)을 총칭하는 것으로 인체의 기혈(氣血)을 운행하는 통로이며 안으로는 장부(臟府)에 밖으로는 사지, 근육, 피부 등 전신에 분포되어 조직과 기관을 연결하여 하나의 유기적인 정체(整體)를 이룬다는 것을 의미한다.

고대부터 내려오는 동양의학의 관점으로는 인체를 자연과 연관시켜 자연을 인식하고 해석하여 인간은 하나의 소우주로 보았다. 12개월은 12개의 갈비뼈, 4지는 팔, 다리, 4계절과 그리고 숲은 머리카락, 산봉우리는 가슴, 계곡은 치골 등으로 비유하여 우리의 몸을 대자연과 같은 축소판이라 생각한데서 기인한다. 우리 인체는 간장, 심장, 비장, 폐, 신장인 오장과 심장의 외부를 싸고있는 심포로 되어있고 담낭, 소장, 위장, 대장, 방광, 삼초의 육부로 나누고 이를 십이경맥이라 하며 여기에 인체 전후의 중앙선에 있는 임맥과 독맥을 합하여 14경맥이라 한다. 이들은 모든 장부와 조직, 사지 말단에 밀접하게 연결되어 있어 인체의 생리적, 병리적 기능과 기혈(氣血)순환 기능을 담당한다.

즉, 인체은 경락을 통해 기혈이 흐르기 때문에 인체가 살아 움직이는 것이라고 보고 있다. 따라서 경락은 인체를 순환하는 생명 에너지의 길이라 할 수 있다. 한의학에서 중요한 기초이론을 음양오행설로 설명하고 있으며 이는 인체의 건강상태와 질병상태를 구분하는 근거로 두고있다. 이 이론은 모든 사물에는 음(陰)과 양(陽)이 존재하며 음양오행(陰陽五行)의 법칙에 따라 인체의 생리, 병리에대한 원리, 진단, 치료방법을 강구했다. 음기와 양기는 서로 자생하고 발전하며 사물의 변화로 이루어지며, 오행(五行)은 목(木), 화(火), 토(土), 금(金), 수(水)가 만물을 이루는 가장 기본 요소로 보는 것으로 서로 변화와 조화에 의해 이루어진다고 보는 개념이다. 또한 인체는 상하, 좌우가 흘러 만나는 점을 경혈(經穴)이라고 하며 기와 혈의 소통을 막힘없이 해주는 역할을 한다.이런 경혈이 우리 인체에는 365개의 주경혈과 그 밖의 신혈들을 합하면 약 1000여 개의 경혈이 있다.

이렇듯 경락은 인체내에 흐르는 생체에너지의 경로로 음과 양의 흐름과 14경맥의 흐름이 순조로울때 우리인체는 생체에너지가 순환하여 건강을 유지하고 그 흐름이 순조롭지 못할 때 오장육부 기능에 이상이 발생하여 전신의 기(氣)와 혈(血)이 막혀 여러가지 질병을 초래한다. 경락 마사지는 주무르기, 두드리기, 누르기, 지압주기 등 손을 이용하는 수기요법의 형태로 우리 인체의 경락과 경혈을 자극하여 기(氣) 순환을 원활하게 하므로 오장육부의 기능을 강화시켜 인체의 병변을 예방하고 신체의 균형과 조화를 이루어지게 하여 건강한 상태를 유지시키고 개선시켜주는 마사지다. 경락 마사지의 기원은 동양에서 찾아볼 수 있으며 동양의 최고의 고서적 중 현재까지 보존되어온 의학서적인 황제내경에 2천년 전부터 그림으로 기록되어 왔고 경락의 시술방법 등을 구체적으로 기술되어져 있다.

1) 음양(陰陽)의 관계

구분	양	음
공간	하늘	땅
시간	낮	밤
성별	남성	여성
온도	온열	한냉
계절	봄, 여름	가을, 겨울
밝기	밝음	어두움

2) 오행(五行)의 특성

목(木)	화(火)	토(土)	금(金)	수(水)
간장	심장, 심포	비장	폐	신장
담낭	소장, 삼초	위	대장	방광
봄	여름	늦여름	가을	겨울
동	남	중앙	서	북
신맛	쓴맛	단맛	매운맛	짠맛
청	적	황	백	흑
바람	열기	습기	건조	한랭
분노	기쁨	근심	비탄	공포
인대	혈관	근육	피부	골격
눈	혀	입	코	귀

3) 상생상극의 원리

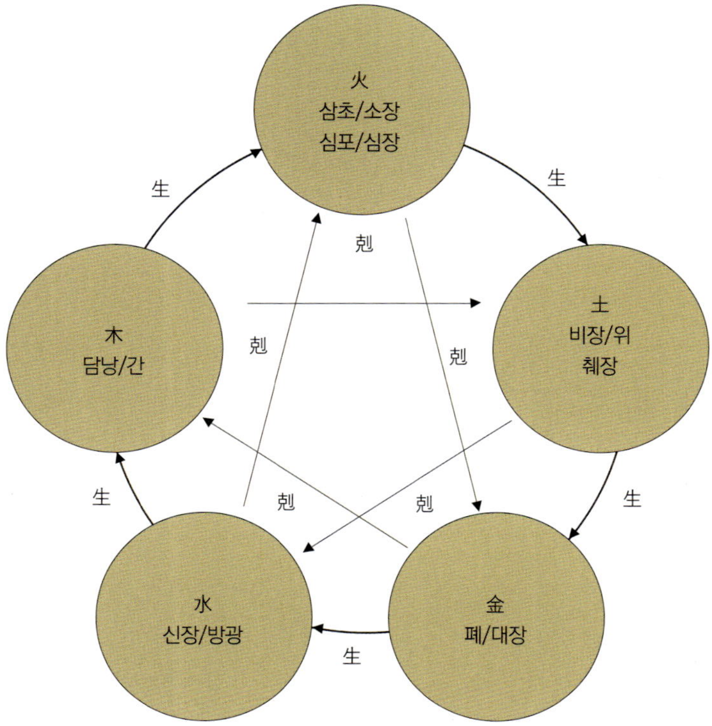

4) 경락 마사지의 효과

① 기(氣)와 혈(血)의 순환을 촉진으로 혈액순환과 냉증을 개선한다.

② 전신의 생체조절 및 면역력을 증진시킨다.

③ 체지방분해와 노폐물, 독소배출에 탁월하다.

④ 근육의 통증완화에 도움이 된다.

⑤ 급만성 피로회복과 심리적인 안정을 도모한다.

4. 아유르베다(Ayurveda)

아유르베다(Ayurveda)는 5000년 전부터 내려오는 고대 인도에서 시작된 전통의학으로 그 의미는 아유(Ayu)는 삶(life) 과 베다(Veda)는 3가지의미로 진실(truth), 과학(sience), 지식(knowledge)의 합성어로 진실의 삶, 과학의 삶, 지식의 삶이라는 뜻으로 현존하는 가장 오래된 베다(veda)경전에서 그 문헌적 자료를 찾아볼 수 있다.

아유르베다는 인간을 작은 우주로 생각하고 건강과 질병의 문제도 우주와 인간의 상호 관계 속에서 이루어진다고 하여 육체와 마음과 영혼이 서로 융합하여 하나로 이루어진 것이며, 신체의 건강함은 물론 정신적 건강을 중요시 여겨 정신적인 부분이 모든 기능을 조절한다고 여기는 인도인들의 생활 속에서 삶의 철학으로 뿌리깊게 전해내려 오고 있는 인도의 전통의학이다. 따라서 아유르베다는 과학, 종교, 철학의 개념이라 할 수 있다.

진리를 깨닫는 명상 속에서 발전되어온 아유르베다는 만물의 근원적 요소인 에테르(Ether : 허공), 공기(Air), 물(Water), 불(Fire), 흙(earth)으로 구분하여 모든 물질의 요소가 인간에게 다 들어있으며 이 5가지 요소로 인하여 에너지와 생명력의 바탕이 된다고 보며, 하나의 균형이 깨어지면 질병이 생기는 것이고 또한, 장수의 비결은 트리도샤(Tridosha)의 균형과 조화를 유지해야 한다는 유기론적인 이론을 바탕으로 질병을 예방하고 치유하는 자연요법이다.

트리도샤는 세가지 형태의 체질과 기질을 구분하는 것으로 바타(Vata : 공기+허공=마른형)와 피타(Pitta : 물+불=근육형) 카파(Kapha : 물+흙=여성형)로 구분하여 각각의 체질에 맞는 오일을 선택하여 마사지, 입욕, 세정 등의 관리법을 적용시키고 호흡, 명상, 요가, 식이요법 등 여러가지 방법를 함께 적용시켜 신체와 마음, 영혼의 균형을 조절하여 건강을 증진, 예방, 치유하는 홀리스틱(holistic)개념의 치료요법이다.

현재 인도를 대표하는 대체의학으로 인도인들의 대부분의 사람들이 아유르베다식 치료와 관리를 받고 있다.

1) 바타(Vata), 피타(Pitta), 카파(Kapha) 타입의 특징

	바타(Vata)	피타(Pitta)	카파(Kapha)
체격	마른편	보통	뚱뚱한편
피부	갈색 또는 흑색 건조하고 거칠다.	누르스름한 색, 붉은색 부드럽고 윤기있다.	창백하고 하얀색 두껍고 기름지다.
머리카락	검은빛, 건조하며 꼬여 있다.	노란색, 붉은빛, 부드럽고 윤기있다.	어둡거나 밝은빛 두껍고 기름지다.
눈	갈색, 검은색 작고 건조하다.	노란색, 회색, 녹색 날카롭고 예리하다.	청색 크고 두꺼운 속눈썹
식욕	변덕스럽고 좋지 않은편이다.	왕성하다	왕성하진 않으나 일정하다
신체적 활동	능동적	보통	소극적
감정적	두려움이 많고 불안정하다.	공격적이고 급하다	조용하지만 욕심과 집착이 많다
심리상태	불안정, 능동적	지성적, 공격적	고요하고 소극적
좋아하는 맛	단맛, 신맛, 짠맛	단맛, 쓴맛, 떫은맛	매운맛, 쓴맛

2) 아유르베다 마사지의 특징과 적용

① 아유르베다 마사지는 많은 오일을 사용하는 것이 특징이며 마사지의 치료 목적에 따라 피지칠(pizhihil), 시로다라(siradhara), 아비얀가(abhyanga), 키치(kizhi)등 다양한 방법이 있으며 그 중 아바얀가 마사지가 가장 많이 이용되고 있다. 아비얀가는 몸의 통증을 완화시켜 깊은 숙면을 유도하여 심신의 안정을 되찾아 주는 혈액순환 마사지로 두 명의 시술자가 동시에 하는 마사지 방법이다.

② 마사지에 이용되는 오일은 체온정도로 따뜻하게 중탕하여 전신에 오일을 바른 후 손끝에서 시작하여 팔 → 가슴 → 복부 → 하체 → 발끝 순서로 마사지 한다.

③ 마사지를 한 후에는 오일이 스며들도록 10~20분 정도 휴식을 취한 후 따뜻한 물로 샤워를 해서 오일을 씻어낸다.

3) 아유르베다 마사지의 효과

① 혈액순환 촉진으로 신체의 영양공급을 원활하게 하여 노화를 방지하며 건강을 회복 시킨다.

② 체내의 독소와노폐물을 배출시켜 우리 인체고유의 자연 치유력을 높여준다.

③ 스트레스를 완화시켜 정신적 안정감을 준다.

④ 인체의 면역력을 높여준다.

5. 타이 마사지(Thai Massage)

타이 마사지는 태국정부에서 공식적으로 인정한 마사지로 일명 '태국 마사지'라고도 한다. 타이 마사지는 고대로부터 전해 내려온 태국 전통의술 기법 중 하나이며 명상, 호흡, 약초법을 함께 이용하여 인도의 요가에서 응용된 동작으로 신체를 당기고 누르고 비틀고 하는 스트레칭 마사지로 세계보건기구에서 건강 증진을 위한 마사지로 인정한 세계 3대 마사지 중의 하나이다. 타이 마사지 이론에 의하면 인체는 10개의 센(Sen)이라는 경로가 있는데 센(Sen)은 "길" 또는 "지나가다"라는 뜻으로 기(氣)를 의미하는 것이며

타이 마사지

생명에너지는 센(Sen)의 경로를 통해 인체로 확산된다고 하여 센(Sen)을 "에너지의 관"이라고 부르며 따라서 타이 마사지는 에너지의 흐름과 균형을 조화롭게 한다는 이론을 기반으로 기(氣)의 통로인 10개의 센(Sen)을 막힘없이 조화롭게 잘 흐르게 하여 정신적, 육체적으로 에너지를 제공함으로써 심신을 안정시키고 통증과 고통이 사라지게 하여 질병을 치유하고 건강을 증진 유지 시키는 수기 요법이다. 타이 마사지는 베풀면서 얻는다는 불교정신을 담아 시술를 받는사람과 행하는 사람이 함께 더불어 건강해진다는 의미를 가지고 있으며 이처럼 태국의 불교문화를 담고 있어 태국인들의 영적, 육체적 삶에 대한 깊은 연관이 되어 오늘날까지 계속 발전되어오고 있으며 태국을 대표하는 관광상품으로 자리잡고 있다.

1) 타이 마사지의 역사

타이 마사지의 기원은 인도의 불교에서 시작된 것으로 추정된다. 태국은 중국과 인도가 지리상 가깝고 인도의 주요 무역로이기도 해서 종교적, 문화적으로 다양한 영향을 많이 받을수 있었다. 타이 마사지는 약 2500여년 전 인도 불교의 승려이자 왕실 주치의였던 "지카바 쿠마라파차(Jvaka Kumarbhacca)"에 의해 창시되었다. 그 당시 의학의 아버지라 불려질만큼 치료자로서의 명성이 알려져 있었던 지바카는 계속적으로 자신이 연구하고 개발된 다양한 치료법을 불교와 함께 태국에 전파시켰다. 그는 마사지 기술뿐만 아니라 치료용 약초나 허브요법을 이용한 다양한 마사지 기법들을 개발하여 보급하는데 힘썼고 많은 업적을 남겼다. 불교의학의 핵심으로 그의 업적을 본받고자 많은 치료사들이 그를 숭배해오고 있다. 왓포 사원에서 승려들에게 전통 타이 마사지를 가르키는 교육기관과 사원내에 치료기관을 두어 사원 중심으로 타이 마사지는 발전되어 왔다."왓(Wat)"은 사원을 뜻하는 것으로 태국의 많은 사원들 중에서 왓포사원이 가장 유명하다.

2) 타이 마사지의 특징과 적용

타이 마사지는 편안한 옷을 입은 상태로 마사지를 받는 건식 마사지로 시술을 하는 사람과 받는 사람 사이에 에너지를 교환, 순환시켜 서로의 에너지가 균형과 조화를 이루게 되어 동시에 건강해질 수 있도록 유도한다. 타이 마사지에서 10개의 센(Sen) 은 인도의 아율베딕에서의 생명에너지라인 차크라, 중국 경락(經絡)에서 12경맥의 에너지 포인트와 같다고 볼 수 있으며 10개의 센(Sen)에 눌러주기, 당겨주기, 밀어

주기 등 적절한 압력을 가하여 근육을 이완시켜 에너지의 균형을 잡는다. 타이 마사지 동작은 발, 무릎, 손바닥, 손가락, 엄지, 팔꿈치 등을 이용하여 센(Sen)의 경로를 자극하는데 이 때 요가에서 사용하는 비틀고, 당기는 동작들을 주로 사용하며 서두르지 않으며 천천히 상대를 살피면서 호흡을 맞추는 것이 중요하다. 마사지 시작은 편안하게 누운 상태로 발에서부터 시작하여 머리쪽으로 이어지고 마지막은 앉은자세에서 끝낸다. 마사지 적용 시간은 보통 2시간에서 2시간 30분 정도 걸리며 비교적 강한 압이 들어 가는데 각 개인마다 신체의 유연성과 받아들이는 압이 다르기 때문에 그에 따른 시간과 압을 조절하며 진행한다.

3) 타이 마사지 효과

① 시술자와 피시술자 모두에게 스트레칭 효과를 주므로 신체적, 정신적으로 균형잡힌 안정감을 준다.
② 고요함과 휴식을 준다.
③ 근육의 이완을 통한 신체의 유연성을 높여준다.
④ 호흡의 깊이를 조절하여 심박동 수를 조절한다.
⑤ 깊은 휴식으로 숙면을 유도한다.
⑥ 올바른 자세를 형성한다.

6. 시아추 마사지(Shiatsu Massage)

시아추(Shiatsu)란 안마라는 중국식 마사지에 서양의학을 혼합하여 만든 일본 전통 수기요법이다. 시아추(Shiatsu)란 일본어로 손가락을 뜻하는 'shi' 와 압력을 가하다 를 뜻하는 'atsu' 가 결합된 단어로 '손가락에 압력을 가하다'라는 뜻을 담고있다. 중국의 안마는 오래전부터 구전 전승되어 온 수기요법으로 동양의학의 경락이론에 근본을 두고 발전되어온 치료법이다. 따라서 시아추는 경혈, 즉, 지압점을 자극하는 수기법으로 '침을 사용하지 않는 침술'이라 불려지고 있다. 시아추 마사지는 인체에 1000여 개의 'tsubo'

란 포인트에 주로엄지 손가락 또는 손바닥, 팔꿈치, 무릎, 발 등을 사용하여 수직 압을 주며 한 곳을 3~6초 간 지압을 하여 인체의 각종 기관들을 활성화시키고 에너지 통로인 기(氣)의 흐름을 원활하게 하여 심신을 안정시키고 근육의 긴장을 풀어주어 몸과 마음을 동시에 치유하는 치료법으로 건강을 유지하는데 탁월한 효과가 있다. 처음 중국에서 전파된 초창기 시아추는 중국의 안마와 비슷한 형태로 일본인들에게 경락과 경혈의 신비를 일깨워주고 몸의 통증을 없애주는 치료방법으로 병을 치료하는데 많은 공헌을 했으나 한때 쾌락과 안락을 위한 도구로 전락되어 이를 막기위해 정부가 강력한 통제를 계속적으로 해온 결과 1900년대에 들어서 '시아추'라는 정식 명칭을 사용하게 되었으며 시아추를 교육하는 학교를 설립하게 되어 대중에게 본격적으로 확대되었으며 1950년대에 비로소 일본정부가 공식적으로 인정한 치료 기법으로 지금의 일본인들의 건강을 지키는 수기요법으로 자리잡게 되었다.

1) 시아추 마사지의 효과

① 막힌혈을 풀어 기혈순환을 원활하게 한다.
② 인체의 혈액순환을 촉진 시킨다.
③ 만성피로를 풀어 스트레스를 해소 시킨다.
④ 근육결림과 통증을 완화시켜 준다.
⑤ 몸의 유연성을 갖게 한다.

2) 금기사항

① 골절 등 척추의 이상이 있는 경우 금한다.
② 만성 또는 급성 염증이 있는 경우 금한다.
③ 임신중일 때는 금한다.

7. 스포츠 마사지(Sports Massage)

스포츠 마사지는 운동을 하기 전에 선수가 몸을 원활하게 움직일 수 있도록 하는 워밍업과 운동 후에는 빠른 피로 회복을 위하여 실시하는 수기요법이다. 고대부터 행해져 내려오고 있던 마사지가 19세기초 스웨덴 사람에 의해 지금의 스포츠 마사지 형태로 발전되었으며 1900년 제2회 파리올림픽 대회에서 경기에 출전하는 운동선수들을 대상으로 처음으로 실시하게 되면서 스포츠 마사지의 중요성을 인식하기 시작하였다. 이어서 스포츠 마사지가 운동선수들의 부상방지와 피로회복, 컨디션 조절의 목적으로 실시하게 되었고 현재에 와서는 운동선수 뿐만 아니라 일반인들에게도 피로회복과 근육의 유연성을 높이기 위해 널리 이용되고 있다.

1) 스포츠 마사지의 특징과적용

운동을 하고 난 후에 근육 내에 수분이나 이산화탄소 등 젖산의 피로물질이 축적되어 혈액의 흐름을 방해하여 근육이 뭉친다거나 통증이 유발 되었을 때 적용한다. 인체에 물리적 자극을 가해줌으로써 혈액의 흐름을 원활하게 촉진시켜 순환기능을 회복하고 독소물질을 분해하여 체내 조직으로 영양물질과 산소의 공급을 원활하게 해준다. 스포츠 마사지는 인체의 말초 부위에서 시작하여 심장방향으로 시술하는것이 기본이다. 곧 혈액은 심장에서 나와 동맥을 통해 말초부분까지 전해진 다음 다시 정맥을 통해서 심장으로 돌아오는 '구심성(求心性)' 원리이다.

2) 스포츠 마사지의 기법

상황과 목적에 따라 기법을 바꿔주는 요령이 필요하며 강도, 리듬을 조절하여 시행하는게 중요하다.

① 경찰법 (쓰다듬기)

② 강찰법(문지르기)

③ 유념법(주무르기)

④ 진동법(흔들어주기)

⑤ 견인법(당겨주기)

⑥ 신전법(늘려주기)

⑦ 압박법(누르기)

⑧ 굴절법(짜내기)

⑨ 족심법(발바닥이용하기)

⑩ 타법(두드리기)

3) 스포츠 마사지의 효과

① 혈액순환을 촉진하고 인체의 신진대사를 향상시킨다.

② 근육에 축적된 피로 물질과 노페물의 제거로 피로를 빠르게 회복시킨다.

③ 운동전 근육의 흥분도를 높여 신체기능을 증진시킨다.

④ 신체기능의 이상시 그 기능을 진정시킨다. 즉, 운동 중 근육의 경련이나 긴장을 완화시킨다.

⑤ 통증을 완화 시켜준다.

⑥ 체형의 불균형을 바로 잡아준다.

(금기사항)

① 부상 후 부기와 염증이 있는 경우 금한다.

② 강한 통증이 있는 관절은 염증을 일으킬 수 있으므로 금한다.

③ 식후 한시간 이내는 금한다.

④ 임신중이거나 월경기간은 금한다.

⑤ 감염성피부질환, 심장질환은 금한다.

8. 아로마테라피 마사지(Aromatherapy Massage)

아로마테라피(Aromatherapy)란 향기를 뜻하는 'aroma'와 요법을 뜻하는 'therapy'의 합성어로 향기치료, 향기요법을 의미한다. 향기와 약효가 있는 식물에서 추출한 에센셜 오일을 사용하여 신체적, 정신적, 감정적 영향을 미쳐 몸과 마음을 치료하는 전인적인 자연요법이다. 그 기원은 5000년 전 고대 이집트로 거슬러 올라가 인류의 역사만큼이나 오래된 요법으로 각문화에 따라 다양한 방법으로 발전되어 왔다. 에센셜 오일은 다양한 식물의 뿌리, 나무, 잎, 줄기, 꽃, 열매 등에서 추출한 오일이며 한 식물에서 아주 조금밖에 얻을 수 없는 만큼 에너지로 꽉 차 있어 몇 방울로도 많은 효능을 발휘하다. 모든 식물에는 자기를 번식, 성장시키는 힘과 병을 치유하고 상처를 낫게 하는 능력을 갖고 있다. 이처럼 천연 식물에서 추출한 순수한 에센셜 오일은 흡입, 목욕, 습포, 마사지로 그 활용방법이 다양하다. 특히 아로마 마사지는 블렌딩한 오일을 알맞게 신체에 직접 적용시켜 피부의 흡수를 통하여 온몸으로 순환하여 각 오일이 지니고 있는 특유한 성질이 치료 효과를 나타내 몸의 면역력을 높여주고 질병의 원인이 되는 스트레스를 완화시켜 정신적, 육체적 건강을 추구하는 매우 좋은 활용 방법이다.

1) 에센셜 오일의 추출법

(1) 증기 증류법(Steam distilation)

식물의 꽃, 열매, 잎, 줄기 등을 증기에 넣어 정유를 수증기와 함께 유출하는 방법으로 대규모의 생산이 가능한 가장 보편적이고 경제적인 방법이다.

(2) 압착법(Expression)

열에 불안정한 시트러스 계열의 오일을 추출할 때 사용하는 추출법으로 레몬이나 감귤류의 껍질 등을 짜내서 정유을 유출하는 방법이다.

(3) 냉침법(Enfeurage)

지방이 꽃잎의 에센스를 흡수하여 정유를 얻는 추출법으로 시간과 비용이 많이 들어 소규모로 행해지고 있는 추출법이다.

(4) 솔벤트 추출법(Solvent extraction)

용매 추출법이라고도 하며 정유 유출시 휘발성또는 비휘발성 용매를 사용하는 방법으로 비교적 낮은 온도에서 가열하며 추출한 후 솔벤트를 제거하여 정유을 얻는 방법이다.

2) 에센셜 오일의 효능별 분류

효능	에센셜 오일
혈액순환, 림프순환 촉진	사이프러스, 라벤더, 로즈마리, 레몬, 로먼카모마일, 타임
셀룰라이트 분해, 독소제거	쥬니퍼, 사이프러스, 라벤더, 펜넬, 파츄리
통증완화, 스트레스 해소	블랙페퍼, 로즈마리, 페퍼민트, 로먼카모마일, 라벤더, 마조람
지성피부의 피지조절, 염증완화	티트리, 일랑일랑, 유칼립투스, 바가못, 캄파
건성피부의 보습	네롤리, 샌달우드, 로즈
기침, 가래, 호흡기질환 완화	유칼립투스, 펜넬, 바질, 페퍼민트, 히솝
여성호르몬 조절(생리통, 폐경기)	클라리 세이지, 로즈, 자스민, 라벤더, 제라늄, 로먼카모마일
두통완화, 불면증 해소	라벤더, 마조람, 제라늄, 로먼카모마일
소화불량, 변비해소	레몬, 그레이프후르, 블랙페퍼, 시나몬, 펜넬

3) 아로마 마사지의 효과

① 혈액순환과 림프순환을 촉진시켜 인체의 신진대사를 높여준다.

② 증상에 맞는 정유를 선택하여 적용하므로 순환계, 신경계, 내분비계, 소화계, 면역계의 증강으로 몸과 마음을 함께 치료하는 홀리스틱(holistic)개념의 트리트먼트 효과가 있다.

③ 항염증, 항박테리아 작용을 한다.

④ 스트레스를 해소시켜 정신적 안정감을 준다.

⑤ 세포재생 효과와 진정작용

4) 아로마 마사지시 오일 사용의 주의사항

① 100% 원액의 에센셜 오일을 직접 피부에 적용시키면 예상치 못한 부작용을 초례하므로 반드시 에센셜 오일과 케리어 오일을 용량에 맞게 블렌딩하여 마사지에 적용한다,

② 감귤류의 정유는 일광의 노출시 색소침착의 우려가 있으므로 관리후 자외선 노출을 피한다.

③ 임산부 또는 고혈압, 저혈압이 있는 사람에게 적용하면 안되는 오일은 금한다.

⑤ 어린이와 노약자에게 적용시 사용 가능한 오일과 소량을 사용한다.

9. 딥티슈 마사지(Deep Tissue Massage)

딥티슈(Deep Tissue)란 딥(Deep)은 조직의 심부층을 의미하고 티슈(Tissue)는 연부조직(soft tissue) 즉 상피조직, 근육조직, 신경조직, 결합조직을 의미하는 것으로 딥티슈 마사지(Deep Tissue Massage)는 인체 심부층의 조직과 근육, 결체조직, 근막의 문제점을 치료하는 심부조직 마사지로 수축되고 유착된 근육을 이완시켜 만성 통증을 해결하고 심신의 안정을 되찾아주는 치료적 개념의 수기요법으로 클리니컬 마사지(clinical massage)에 적용된다.

주로 유럽에 많이 알려져 있으며 독일의 엘리자베스 디키(Elisabath Dicke)에 의해 개발된 결합조직 마사지(Bindegewebsmassage)는 전신에 그물망처럼 연결된 근막조직망을 정상상태로 신장시켜 티슈(조직)구조을 재정렬시키는 수기 치료법으로 물리치료사들에 의해 많이 활용되고 있는 딥티슈 마사지이다.

딥티슈 마사지을 적용할 때는 수기의 움직임이 근육과 근막의 결을 따라 해부학적으로 정확하게 진행되어야 한다. 일정한 방향으로 조직을 밀거나 끌어 당겨 신장시키는 스트로크(Stroke) 시 근육의 기시점과 정지점 방향으로 진행하며 근육의 결을 가로지르는 크로스(Cross)방법을 적용한다. 또한 표층의 티슈(조직)을 천천히 이완시키는 데서 시작하여 점차적으로 근육, 근막의 심부층으로 천천히 압과 속도, 깊이를 조절하여 심부층 조직까지 이완될 수 있도록 접근한다.

1) 딥티슈 마사지에 사용되는 신체도구

① Plam(손바닥)
② Heel of hand (수근)
③ Fist(주먹)
④ Knuckles(손가락사이 관절)
⑤ Forem(아래팔)
⑥ Elbow(팔꿈치)
⑦ Fingers(손가락 끝)
⑧ Thumb(엄지손가락)

2) 딥티슈 마사지의 효과

① 수축된 근육과 유착된 근육을 이완시켜 통증을 완화시켜 준다.

② 근육과 근막을 신장시켜 근육의 정렬과 신체의 균형을 바로 잡아 준다.

③ 근육을 강화시켜 준다.

④ 셀룰라이트을 분해시킨다.

⑤ 피부와 근육의 탄력과 리프팅을 준다.

6. 운동의 선택과 방법

body shape management

운동이 중요한 것은 누구나 다 알고 있는 사실이다. 하지만 어떤 운동을 어떻게 해야 하는지 또 나에게 맞는 운동이 무엇인지를 알고 있는 사람은 드물다. 왜냐하면 여태까지는 운동이 중요하다는 것은 알고 있었지만 나에게 맞는 운동을 선택해서 해야 하는 필요성은 못 느꼈기 때문이다. 그저 운동은 하면 다 도움이 된다고 생각을 하였다. 그래서 얻은 결과가 어떤 사람은 운동을 하여 건강을 찾아 매우 행복한 삶을 찾은 이가 있고 어떤 사람은 운동 한 후부터 건강을 잃기 시작하여 행복으로부터 멀어진 이도 있다. 왜 이런 경우가 생기는 것일까? 답은 운동의 선택과 방법에 있다. 나의 신체 조건에 맞는 운동이 있다. 다른 사람이 헬스를 하니 "피곤한 것도 없고 허리 아프던 것도 없어졌어."라고 해서 나도 해 보았을 때 "나는 피로감을 더 느끼고 없던 요통도 생겼다." 이렇다면 헬스는 나와 맞는 운동인가? 또 헬스 기구 중 나와 맞지 않은 것이 있는가? 이런 것들을 다시 검토해 보아야 한다. 분명 나와 맞지 않기 때문에 바람직하지 않은 결과가 나온 것이다.

운동은 내가 건강한 정신과 육체로 최상으로 컨디션을 유지하며 행복한 삶을 만들려고 하는 것이다. 그런데 내가 생각 했던 결과가 아니라면 충분히 다시 한번 검토 해주길 바란다.

1. 운동의 필요성

관절 사이에서 완충 작용을 하고 있는 디스크는 혈관이 없다. 즉, 영양을 받고 노폐물을 내보낼 수 있는 관이 없는 것이다. 디스크에 영양분을 주고 노폐물을 빼서 내보내려면 관절을 움직여서 압박 스트레스를 주어야 한다. 그래야 압박 스트레스를 받았을 때 디스크 안에 있는 노폐물이 나가고 압박 스트레스에서 풀려나면 그때 주변에 있는 영양분들이 빨려 들어가게 된다. 영양분이 들어가고 노폐물이 나가는 것은 순환을 말한다. 순환이 잘 되어야 건강한 디스크를 유지할 수 있다. 건강한 디스크를 유지해 주어야 뼈가 받는 압력 즉, 충격을 흡수할 수 있다.

혈액 순환 - 움직이지 않은 상태에서도 인간은 몸은 혈관을 통해 순환이 된다. 하지만 이 때 순환을 도와준다면 더 많은 산소와 영양분들이 각 조직에 빨리 전달되고 산소를 잃은 혈액들은 더 빨리 산소를 폐에서 결합시킬 수 있을 것이다. 이 때 순환에 도움을 주는 것은 움직임이다. 움직임을 주게 되면 자연스럽게 근육이 수축 이완 운동을 하게 된다. 이때 근육 사이에 있는 혈관이 압박 스트레스를 받게 되고 풀리고 즉, 혈관이 눌리고 풀리고 해서 더 많은 혈액들을 순환 시킬 수 있는 것이다. 즉, 근육의 움직임이 펌프 작용을 해주는 것이라 생각 할 수 있다.

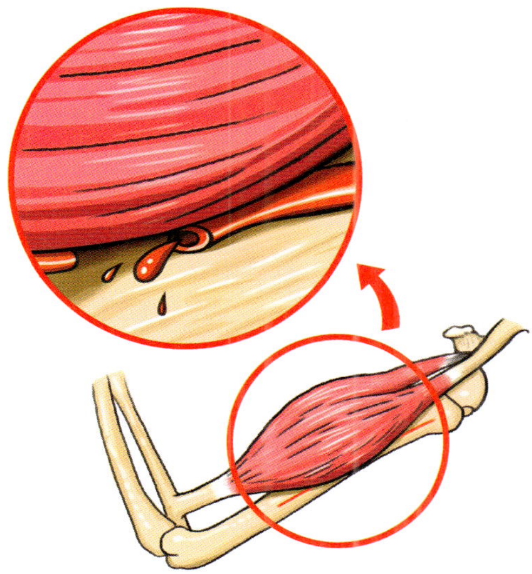

1) 왜 근육 운동이 중요한가?

살아 있는 동물은 움직임을 통해 관절에 영양분을 보내고 노폐물을 배출하는데 큰 역할을 하게 된다. 관절뿐만이 아니고 근육은 움직임을 통해 더 강해진다. 근육이 강해져야 각 관절을 유지하는데 큰 도움을 받을 수 있다.

2. 운동 선택의 중요성

운동은 평생 해야 한다. 그래서 재미, 경제적, 시간적, 나의 체형 등이 맞아야 한다.

1) 나의 체형에 맞게

어떤 사람은 건강 해지고 싶어 운동을 하였는데 운동을 한 후 더 몸이 불편 해지고 체형도 틀어지는 사람들이 있다. 이것은 나의 체형을 모르고 했기 때문이다. 운동을 하기 전에 먼저 체형관리사에게 나의 체형이 어떻게 되어 있는가를 체크 받고 거기에 맞추어 운동을 해야 한다. 지금까지 한 종목 즉, 예) 요가가 좋다고 하니 요가를 강사가 앞에서 하는데로 따라 했다. 요가는 분명 훌륭한 운동이다. 하지만 이 요가 동작 중엔 내가 해서는 도움이 안되는 동작들이 있다. 그 동작을 빼고 나에게 도움이 되는 동작을 중심으로 한다면 건강을 지키는데 분명 큰 도움이 될 것이다. 다른 운동 종목도 마찬가지이다. 헬스가 좋다 하여 모두 헬스장가서 뛰고 들고 당기고 하는데 여기서도 나에게 맞는 것을 해주고 맞지 않은 것을 빼 준다면 건강에 큰 도움을 줄 것이다.

2) 재미있게

운동을 하며 지루하거나 하기 전부터 '아~~ 오늘도 운동을 해야 하는구나' 하고 스트레스를 받게 되면 운동을 하는 목적이 많이 줄게 된다. 뇌에서 운동시간이 기다려지고 운동을 하면서도 흥이 나야 효과가 극대화되고 한 두달하고 그만두는 운동이 아닌 지속적으로 할 수 있는 것이다.

3) 경제적인 조건

운동을 하는데 나의 경제적인 조건을 체크해 보아야 한다. 나 홀로 운동장에서 하는 운동은 돈은 안든다. 하지만 어떤 장소에 가서 하는 운동은 돈이 들어가게 된다. 거기에 1 : 1 개인 교습을 받게 되면 돈이 더 들어가게 된다. 나의 주머니 생각을 해서 계획을 가지고 나에게 맞는 운동을 찾아 접근을 하는 것이 가장 바람직하다 할 수 있다.

4) 시간적인 조건

운동은 나에 대한 투자이다. 어떤 사람은 '운동을 하고 싶지만 시간이 안 나서…'라고들 많이 한다. 이들은 시간이 안나서가 아니고 운동을 하는 방법을 모르기 때문에 꼭 어떤 장소를 가야만 운동이 된다고 생각을 하고 있는 것이다. 사무실에서 일하다 잠시 일어나 팔 돌리기 계단 오르내리기 앉았다 일어나기 모두 할 수 있는 것이다. 매일 같이 이것만 하여도 내 건강 지키기에는 부족함이 없을 것이다.

3. 스스로 운동하는 방법

1) 일자 목

목을 자꾸 뒤로 젖히는 운동을 해주어야 한다. 목 뒤쪽 근육이 계속 늘어나 있기 때문에 수축 운동을 통해 강화 운동을 해주는 것이 좋다. 또 팔 돌려주기 운동을 하여 목과 어깨 주변의 근육을 풀어 주는 것이 좋다.

2) 안면 비대칭

얼굴을 찡그렸다 폈다, 입안에 바람을 가득 넣었다, 뺏다를 반복해서 얼굴 근육을 골고루 스트레칭해서 얼굴 근육이 골고루 발달하게 해준다.

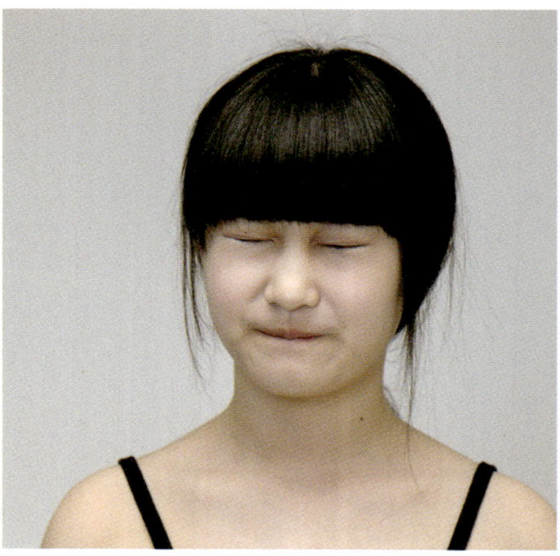

3) 기울어진 목

기울어진 반대 방향으로 스트레칭을 해준다. 한 쪽 근육은 수축되고 다른 한쪽은 이완이 되었다. 기울어진 쪽은 수축이 되었으므로 스트레칭을 해주고 반대 방향은 측두골에 손바닥을 대고 미는 수축 운동을 해서 늘어난 근육을 강화 시킨다.

4) 새가슴

팔굽혀 펴기, 벤치프레스 등 대흉근 강화 운동을 한다. 새가슴은 흉골이 앞으로 나와 있어 대흉근이 늘어나 있다. 그래서 강화 운동을 해주면 좋다.

5) 쳐진 엉덩이

업드려서 무릎을 펴고 다리를 올렸다 내렸다를 반복 해주는 것이 좋다. 그리고 업드려서 상체를 들어 올려주는 운동도 매우 좋다.

6) 휜 다리

허벅지 안쪽 근육에 힘을 주고 다리를 붙여 앉았다 일어 났다를 반복해서 내전근을 강화시키면 좋다.

7) 두꺼운 종아리

서서 한쪽발은 앞으로 내밀고 한쪽발은 뒤로 뺀 상태에서 종아리 근육스트레칭을 해준다.

8) 평발

서서 발가락의 힘으로만 앞으로 가는 운동을 하여 발바닥 근육을 강화시킨다.

Regret for wasted time is more
Time is the most valuable thing a man can
Time does not change us. It just unfolds
morning hath gold in its
away as one minute

7. 음식과 영양

body shape management

체형관리 프로그램과 식단 계획에 앞서 알아두어야 할 것은 바로 체형이다. 체형에 따라 영양 섭취를 다르게 접근해야 하기 때문이다. 통통한 몸매를 타고난 사람이든 아무리 해도 근육이 늘지 않는 사람이든 개인의 체질에 맞게 영양 계획을 조정할 필요가 있다.

체형을 나누는 방법에 있어 여러가지가 있지만 이 장에서는 크게 3가지로 나누었다. 즉, 근육 발달이 더디고 골격이 작은 마른형의 외배엽, 체지방이 많고 골격이 큰 비만형의 내배엽, 이 두 체형의 중간 타입으로 골격과 근육이 잘 발달되어 있는 정상형의 중배엽이다.

모든 사람이 이 3가지 체형 중 딱 하나에만 속하는 것은 아니며 복합적인 형태로 나타나므로 체형을 잘 파악하고 식이요법을 적용한다면 고객이 원하는 좋은 체형의 조건의 결과를 얻을 수 있을 것이다.

1. 체형별 특징과 영양섭취

1) 마른체형(외배엽 ectomorph)

마른체형의 체형은 먹어도 살이 잘 찌지 않는 체형이기에 부러움의 대상이 된다. 그러나 몸의 볼륨이나 곡선미가 없기 때문에 무언가 부족해 보이고, 섹시함이나 매력적인 면에서도 부족해 보이는 체형이다.

(1) 마른체형의 특징

마른체형의 특징은 보통 야윈 체격에, 어깨는 좁고, 살도 잘 안붙고, 근육의 발달이 미약해서, 외형이 가늘고, 대체적으로 마른편이다.

가슴과 어깨가 좁고, 사지가 상대적으로 가늘고 길며, 몸통을 짧은 편이며, 긴 손발(수족)을 가지고 있다. 지방량과 근육량도 적은 편이고, 골격도 가는 편이어서, 상·하체 모든 전신이, 외소한 체형이다.

이런 체형의 경우에는 신진대사가 비효율적이어서 좀처럼 체중을 늘리기도 어렵고, 신경도 예민해서 평상시 긴장도도 높은 편이다.

이런 외배엽 체형은 근육으로 체중을 늘리는 것이 중요 포인트이다.

(2) 식이요법

개인의 건강상태를 고려한 체중에 비례한 단백질을 충분히 섭취해야한다 이 때는 총 에너지의 50~60% 정도를 탄수화물로 섭취하는 것을 권장하며 식사량만 증가시키면 체지방이 증가한다.

체중 1kg당 단백질 3~4g을 섭취한다. 단백질 섭취는 총 하루 열량의 최대 30%까지 늘려도 된다. 탄수화물은 50% 지방은 20% 정도로 섭취한다. 근육을 늘리기 위해서는 하루에 연소되는 열량보다 섭취하는 열량이 더 많아야한다. 식사는 중간정도의 양으로 하루에 다섯 번 먹는다. 조금씩 자주 먹으면 가뜩이나 높은 신진대사를 더 가속화시킬 수 있다.

2) 비만체형(내배엽 endomorph)

전체적으로 몸이 강한 느낌이며, 울퉁불퉁하며, 근육이 발달된 체형으로 넓은 가슴, 긴 척추 단단한 근육구조와 강한 근력을 가지고 있다.

(1) 내배엽체형의 특징

내배엽 체형은 우량아라는 소리를 들을 정도로 전체적으로 신체골격이 우수하며, 체형도 굵직하게 큰 편이다.

내배엽체형은 신진대사가 느려서, 먹은 음식이 체지방으로 축적되기 쉽고, 그렇기 때문에 살이찌고, 운동을 해도 지방살에 덮여서 근육이 잘 드러나지 않는 체형이다.

근육의 수준을 유지하고, 지방을 커팅하기 위해서는 절대 굶으면 안된다.

(2) 식이요법

필요한 영양소가 균형 있게 들어 있는 저칼로리 식이요법이 중요하다. 몸에서 어떤 필수 영양소(탄수화물, 지방, 단백질, 무기질, 비타민, 미네랄 등) 고갈되지 않도록 노력해야 한다.

1500~1800Cal를 계산해서, 하루에 5~7끼의 식사를 해서 조금씩 자주 먹는 식단을 구성한다. 좋은 음식으로는 닭 가슴살, 삶은 달걀, 각종 해산물, 생선류, 살코기, 안심 스테이크 등이 있다.

피해야할 것은 고지방 유제품 불완전 단백질원, 술, 청량음료와 과식이다.

3) 정상형(중배엽 mesoderm)

전체적으로 몸이 강한 느낌이며, 울퉁불퉁하며, 근육이 발달된 체형으로 넓은 가슴, 긴 척추 단단한 근육구조와 강한 근력을 가지고 있다.

뼈는 크고 굵으며, 두꺼운 근육으로 싸여 있으며, 자세도 균형적이고, 외관적으로도 건강한 느낌을 준다. 머리와 손목, 전완, 손가락 등이 큰 편이지만 허리는 상대적으로 가늘며, 복근이 발달된 편이다.

(1) 중배엽의 특징

근육질이 좋고 어깨와 허리 비율이 좋으며, 골반보다 어깨가 넓어서 역삼각 체형을 이루고 있으며, 체지방도 쉽게 줄일 수 있는 이점이 있다.

근육량이 많기 때문에 남성다운 인상을 주는 스타일이며, 이런 체형들이 근력운동을 하면 근육이 잘 붙고 대충대충 운동해도 근육을 만드는 과정이 빠른 타입이다.

(2) 식이요법

매일 체중 1kg당 순수 단백질 2.2g을 섭취한다. 탄수화물은 하루 총열량의 60~65% 정도로 섭취하는데 아침에는 복합탄수화물, 저녁에는 섬유질이 풍부한 탄수화물이 섭취하는 것이 좋다. 과일 감자 등이 중배엽에 좋은 탄수화물이다. 지방은 하루 총열량 15%로 제한한다. 지방섭취는 피하는 것이 좋으며 닭가슴살이나 계란이 좋다.

2. 영양과 건강

1) 영양소

영양소(營養素)는 생명활동과 성장, 생식기능 건강유지을 위해 외부에서 받아 들여야 하는 화합물이다. 많은 생물체들은 영양소를 이용하여 에너지를 생산하며, 생리기능을 조절하고 세포를 구성한다.

현대인들의 식생활은 점점 양극화되어 가고 있으며 건강과 만성질환을 예방하기 위해서 균형잡힌 식생활이 필요한 현실이다.

(1) 탄수화물

단백질, 지방과 더불어 인체에 가장 필요한 3대 영양소이며 체내에서 완전 산화되는 가장 경제적이고 효율적인 성분으로 사람의 대사작용에 매우 중요한 에너지원이다. 곡류에 70~80%, 과일 10%, 설탕, 꿀 등에는 80~99% 정도 함유되어 있으며, 1g당 4Kcal의 에너지를 발생하며, 모든 신체 활동에 필요한 에너지를 발생한다.

① 탄수화물의 분류

● 단당류

포도당, 과당, 갈락토오즈이며 포도당이 가장 많이 존재한다. 체내 당대사의 중심물질로 생체계의 가장 기본적 에너지 공급원이다.

잉여의 포도당은 글리코겐의 형태로 간이나 근육에 저장되고 지방으로 전환되어 저장된다.

- 이당류

두 개의 다당류가 결합된 형태로 유당(포도당+갈락토오즈), 맥아당(포도당+포도당), 서당(포도당+과당)등이 있다.

- 다당류

여러개 이상의 단당류가 결합된 중합체로 전분(곡류, 감자류, 콩류), 글리코겐(동물성), 셀룰로오즈(난소화성 다당류) 등이 있다.

- 식이섬유소

사람의 체내 소화 효소로는 분해 되지 않아 소화 되지 않는 고분자 화합물로 수분 함유량이 많아서 포만감이 빨리오게 하고 소장의 당 흡수를 저하시키고 콜레스테롤 흡수를 방해하여 혈청 콜레스테롤을 감소시킨다. 또한 배변량을 증가시켜 배변시간을 단축시켜 준다.

성장기인 경우 과하게 섭취시 미량 영양소의 흡수율을 낮추어 적절한 양을 섭취해야 한다.

분류	종류	급원식품	생리적 기능
가용성 섬유소	펙틴, 검, 헤미셀룰로오즈 뮤실리지	감귤류, 사과, 해조류, 바나나, 보리, 귀리	위장통과 지연 소장에서 당흡수 지연 콜레스테롤 감소
난용성 섬유소	셀룰로오즈 헤미셀룰로오즈 리그닌	모든 식물, 통밀, 호밀, 채소	분변량 증가 장통과 속도 가속 포도당 흡수 지연

적정 섬유소 섭취량		
연령	5~18세	성인
섭취량	나이+5g	20~25g

② 탄수화물의 작용

- 신체의 에너지원

신체의 주 에너지원으로 뇌나 신경조직에서는 에너지원으로 포도당만을 사용한다.

● 단백질 절약작용

과한 다이어트나 사고, 기아 등 탄수화물이 부족할 경우 우리 몸에서는 단백질을 분해하여 포도당을 합성한다. 이러한 경우 근육의 손실을 일으켜 신체구성에 악영향을 미치게 된다.

● 혈당 조절

탄수화물은 혈당이 떨어질 때 글리코겐 형태로 간에 저장되어 있는 포도당을 분해하여 에너지원으로 사용하여 항상성을 유지한다.

	공복 시 혈당수치	식사 후 식단수치	식사2시간 후 식단수치
정상 혈당수치	80~110 mg/dl	200 mg/dl 이하	140 mg/dl 이하
당뇨병환자 혈당수치	126 mg/dl 이상	250 mg/dl 이하	200 mg/dl 이상
당뇨 위험인 혈당수치	110~126 mg/dl	200~250 mg/dl	140~200 mg/dl

(2) 단백질

단백질은 신체 내 모든 세포에서 발견되며 머리카락이나 손톱, 발톱의 성장 그리고 피부를 위해서도 필요하며 뼈와 결합조직, 혈액의 유지 등 신체조직의 성장과 유지에 매우 중요하다. 1g당 4Kcal의 에너지를 발생하며 식사로부터 섭취한 단백질이 충분해야만 임신이나 성장기 동안 정상적인 성장이 이루어진다. 단백질이 많이 요구되는 임신기, 수유기 및 성장 기 어린이에게 단백질의 섭취가 부족할 경우 성장이 정상 속도보다 느려지며 심하면 성장이 정지되며 콰시오카나 마라무스 등의 결핍증을 초래한다.

① 단백질의 분류

● 단순단백질 : 아미노산 외에 다른 화학성분을 함유하지 않은 단백질

● 복합단백질 : 아미노산 외에 몇가지 화학 성분을 함유하는 단백질

● 체내합성에 따른 아미노산의 분류

필수아미노산(우리몸에서 합성되지 않음)	불필수 아미노산
아이소루신, 루신, 라이신, 메티오닌, 페니알라닌, 트레오닌, 트립토판, 발린, 아르기닌, 히스티딘 *아르기닌, 히스티딘(성인 제외)	알라닌, 아스파라진, 아스파트산, 시스테인, 글루탐산, 글루타민, 글리신, 프롤린, 세린, 타이로신 *타이로신, 시스테인(반필수 아미노산)

② **단백질의 작용**

● 체구성성분

신체의 성장과 유지에 매우 중요하며 성장기, 임신 및 수유기에 단백질이 많이 요구 되며 형성된 단백질이라도 계속적으로 퇴화되고 재생되어야하므로 매일 단백질이 공급되어야 한다.(매일 45~50g)

● 수분 평형유지

혈액에 있는 단백질인 알부민과 글로블린 등은 체내 수분 평형 등을 돕는 역할을 한다. 혈중단백질은 분자량이 커서 모세혈관을 빠져나가지 못해 혈관내의 삼투압을 조직보다 높게 유지시키는데 중요한 역할을 하므로 대부분의 수분을 혈관에 머무르게 하여 부종을 예방한다.

● 산염기 평형 유지

혈액중의 단백질은 양성물질로 쉽게 수소이온을 내주거나 받아들임으로써 완충제로 작용하여 혈액의 pH를 항상 일정한 상태(pH 7.35~7.45)로 유지시키는데 관여한다.

● 면역기능

단백질은 면역체계에서 사용되는 세포들의 주성분 등을 구성하며 면역체계의 세포가 부족하거나 기능이 떨어져 질병에 취약해 질 수 있다.

● 호르몬, 효소, 신경전달 물질 및 글루타티온 형성

단백질이나 아미노산 형태로 생태에서 일어나는 생화학 반응의 촉매 역할을 하거나 여러 생리 조절 물질 혹은 그의 전구체로 작용한다.

● 포도당 생성 및 에너지원으로 사용

탄수화물을 충분히 섭취하지 못한 경우 신경조직이나 적혈구의 에너지원인 포도당을 지속적으로 공급해 주기 위하여 간이나 신장에서 당 신생과정을 통해 포도당을 합성한다.

에너지 섭취 충분 : 본연의 단백질 기능

에너지 섭취 불충분 : 포도당 기능

(3) 지질

지질은 체내에서 농축된 에너지의 공급원이 되므로 매우 중요한 성분이나 영양소 중 성인 질환과 가장 밀접한 관계가 있는 영양성분이기도 하다. 지질은 1g당 9Kcal의 에너지를 발생하여 탄수화물이나 단백질보다 위장 내에 오래 남아 있으므로 만복감을 충분히 느끼도록 해준다. 표준 체중의 경우 남성 체중의 15%, 여성체중의 25%가 지방으로 체내에 저장되어 있다.

① 지질의 분류

지질은 3개의 지방산과 1개의 글리세롤로 이루어져 있으며 글리세롤의 알콜기와 지방산의 카르복실산이 에스터화를 통해 세개의 에스터 결합을 형성한 구조이다. 지방산은 매우 여러 종류가 존재하며 결합한 지방산의 종류에 따라 분류된다.

● 포화지방산

이중 결합이 없으며 체내 합성이 가능하다. 동물성 식품, 코코넛유, 마가린, 팔미트산, 스테아르산

● 불포화지방산

♠ 단일불포화 지방산 : 1개 이상의 이중 결합을 갖는 지방산, 체내 합성가능, 올리브유

♠ 다가불포화 지방산 : 2개 이상의 이중 결합을 갖는 지방산, 이중 결합 수가 많을 수록 융점이 낮고 상온에서 액체상태, 리놀렌산, 옥수수기름, 콩기름, 참기름

♠ 오메가3 (n-3)계 지방산 : 메틸기로부터 3번째 탄소에서 처음 이중 결합이 나타나는 불포화지방산, 견과류, 생선류, 들기름

♠ 오메가6 (n-6)계 지방산 : 메틸기로부터 6번째 탄소에서 처음 이중 결합이 나타나는 불포화지방산, 식용유, 참기름, 해바라기씨유

(n-3) : (n-6)= 1 : 4~6

● 트랜스지방산

식물성 지질은 주로 시스형을 함유하지만 물리적 성질을 변화시키고 산패를 억제하기 위해 수소를 첨가하는 경우가 많은데 이 과정에서 시스형이 트랜스 형으로 바뀌는 경우가 많다 따라서 수소 첨가 공정으로 만들어진 마가린, 쇼트닝 등을 많이 섭취하면 트랜

스 지방산의 섭취량이 증가한다. 이러한 트랜스 지방산은 포화지방산과 유사한 특성을 갖는다.

- **중성지질**(지방산+글리세롤)

  식품이나 체내 지방산의 95%는 중성지질의 형태로 존재한다.

- **복합지질**

  ♠ 인지질

  인과 염기기 붙은 지질로 주로 세포막을 구성하는 성분

  ♠ 스핑고지질

  세라마이드를 이루는 유도체를 말한다.(세라마이드 부족 시 아토피 피부염 발생)

  ♠ 스테로이드

  콜레스테롤이 대표적으로 식물조직에서는 발견되지 않는다. 뇌와 신경조직에 많이 분포되며 성장기에는 중요하나 중년기에는 과잉 섭취를 줄여야 한다.

② 지질의 작용

- **효율적 에너지 저장고**

  글리코겐이나 근육 단백질로 에너지를 저장할 때는 수분이 같이 저장되어야 함으로 1g 당 발생할 수 있는 에너지양이 적은데 지방세포의 경우는 80% 이상이 지질이고 물의 비율은 적기 때문에 체내 지질이 매우 효율적인 에너지 창고로 작용한다.

  -체온조절 및 장기 보호

  -지용성 비타민 흡수 촉진

  -맛과 향미 제공 및 포만감

  위장관의 통과 시간이 느리므로 포만감을 준다.

(4) 비타민

비타민은 우리 몸에서 필요로 하는 양은 적으나 대사조절을 위하여 반드시 필요한 성분으로 신체 생리기능을 조절한다는 점에서 호르몬과 비슷하지만 신체의 내분비기관에서 합성되는 호르몬과 달리 체내에서 전혀 합성되지 않거나, 합성되더라도 충분하지 못하기 때문에 음식물로 섭취해야 한다. 비타민은 용해성에 따라 지용성 비타민과 수용성 비타민으로 나뉜다.

● 수용성 비타민

수용성 비타민은 흡수되고 남은 것은 소변을 통해 배출되며 당질 지질 단백질 대사에 관여하는 보조 효소의 구성성분으로 신진대사를 조절한다. 수용성 비타민은 물에 잘 용해되므로 가열 조리시 쉽게 파괴된다.

♠ 티아민(비타민B1)

조효소로 작용하여 신경전달 물질인 아세틸콜린의 합성을 도와주고 신경조직에 에너지를 공급한다. 결핍시 각기병의 원인이 된다.

현미, 돼지고기

♠ 리보플라빈(비타민B2)

체내의 산화환원작용에 작용하며 결핍시 구순구각염, 설염, 지루성 피부염의 원인이 된다.

우유, 녹색채소, 달걀, 버섯, 시금치

♠ 니아신

체내의 산화환원작용에 작용하며, 콜레스테롤 수치를 저하시킨다. 결핍시 펠라그라의 원인이 된다.

버섯, 참치, 닭고기, 우유

♠ 피리독신(비타민B6)

단백질과 아미노산의 대사 조효소 작용하며 생리 증후군이 있는 여성의 완화 효과가 있다.

육류, 생선류, 가금류, 현미

♠ 판토텐산

코엔자임 A의 구성성분으로 지방산의 합성에 관여한다.

버섯, 달걀, 닭고기

♠ 엽산

부족시 기형아 출산의 가능성이 높다. 녹색식물에 많이 함유되어 있다.

브로컬리, 시금치, 간, 오렌지 쥬스

♠ 비타민B12,

동물성 식품에 함유하고 있어 채식주의자가 결핍되기 쉽다. 결핍시 악성빈혈, 신경장애

육류, 가금류, 어패류

♠ 비타민C

세포구성 물질과 콜라겐 합성작용을 하는 항산화제로 면역기능을 향상시킨다. 결핍시 괴혈병을 유발한다.

신선한 과일, 야채, 녹차

● **지용성 비타민**

물에 녹지 않고 지방에 녹는 비타민으로. 비타민 A, D, E, K 등이 이에 속한다. 발육이나 생식 기능 등의 생체 유지에 필수적이나 지용성 비타민을 너무 많이 섭취하면 몸에 축적되므로 해롭다.

♠ 비타민 A

공기 중 이나 자외선에 쉽게 산화되며 분해된다. 어두운 곳에서도 물체를 볼 수 있게 하며 정상적인 성장에도 관여한다. 부족시 피부가 거칠어지고 야맹증의 원인이 된다.

♠ 비타민 D

칼슘과 인의 흡수를 도와 뼈와 이를 튼튼하게 하며 햇볕을 쬐면 체내에서 합성된다. 부족시 구루병의 원인이 된다.

♠ 비타민 E

토코페롤이라고도 하며, 항산화제로 노화를 방지하고 건강한 세포막을 유지하게 한다.

♠ 비타민 K

혈액 응고를 돕는다.

(5) 무기질(미네랄)

신체의 비율은 0.04%로 극소량 필요하지만 대사작용의 보조성분으로 체조직이나 신체구성에 필요하며 체액의 산과 알칼리 평형을 유지하는 중요한 영양소로써 효소의 보조성분으로 작용하여 효소의 기능을 활성화 시켜 호르몬의 형성 작용에도 영향을 미친다.

● **칼슘**(Ca)

골격과 치아 조직의 형성 및 신체의 생리기능 조절한다. 칼슘 섭취가 부족시 해면골 자체에 충분한 칼슘이 공급되지 않아 다른 골격부분에서 칼슘을 제공 받게 되는데 우선적으로 골반과 척추뼈이다. 근육의 수축 및 이완에도 작용한다.(다리쥐 : 일시적 칼슘 방출의 변화)

멸치, 유제품, 두부, 시금치, 브로컬리, 고등어 등

♠ 골감소증 : 정상적 뼈의 분해에 비해 뼈의 생성부족으로 인한 골질량의 감소 또는 골질량의 감소로 인한 질환을 유발한다.

♠ 골다공증 : 뼈의 조성은 정상이나 전체적으로 골질량이 감소된 현상으로 골절, 골격의 형태변화 치아가 손상한다.

♠ 골연화증 : 뼈의 구성 무기질의 부족으로 뼈가 약화된 현상으로 비타민D 결핍과도 관계가 있다. 압통, 근무력증 등을 수반한다.

● 인(P)

칼슘과 결합하여 골격과 치아 조직을 형성하며 골격내 칼슘과 인의 비율은 2 : 1이다.

검정콩, 땅콩, 현미, 달걀, 우유

● 마그네슘(Mg)

골격과 치아 조직을 형성하며 신경자극의 전달과 근육의 긴장 및 이완 작용을 조절한다.

코코아, 견과류, 대두

● 나트륨(Na)

삼투압의 정상적 유지에 관여하며 산과 염기의 평형, 신경자극의 전달과 다른 영양소의 흡수에 관여한다.

● 칼륨(K)

삼투압의 조절과 산 염기의 평형 여러가지 생리작용과 단백질 합성의 촉매 역할을 한다.

코코아, 감자, 홍차

● 요오드

갑상선 호르몬을 조절하는 물질로 신진대사에 관여한다.

미역, 김, 해조류와 해산물

철분

헤모글로빈을 구성하는 물질로 산소 이동에 관여한다. 개발도상국인 경우 성장기 어린이와 가임기 여성 인구의 과반수가 결핍증

육류, 어패류, 가금류, 녹색채소

황

산화 환원반응에 관여하며 페놀류, 크레졸류 등에 해독작용을 한다.

우유, 육류, 달걀, 콩류

셀레늄

항산화 작용으로 비타민E의 절약작용을 한다.

육류, 어패류, 견과류

아연

생체내 여러 금속효소의 구성요서로 생체막의 구조와 기능에 관여한다.

쇠고기, 간, 굴, 새우

구리

철분의 흡수 및 이용을 돕는 작용을 하며 결합조직의 강하게 한다.

소간, 돼지간, 견과류, 토마토

2) 영양소의 과·부족

(1) 단백질의 과·부족

과잉	• 단백질 섭취량이 높으면 지방 섭취량도 높아져 지방의 과잉섭취 유발. • 어린이의 경우 체성분 변화 • 신장 및 간의 비대 • 아연, 칼슘 등 무기질 배출
부족	• 단백질-에너지 영양부족(Protein-Energy Malnutrition, PEM) : 세계에 만연한 형태의 영양부족으로 세계 5억이상의 어린이가 영향을 받음 • 단백질 부족(콰시오카, kwashiokor) : 발육지연, 피부와 모발의 색소변화, 부종 등을 유발. • 성장지연, 면역력부족, 학습능력부족

(2) 탄수화물의 과·부족

과잉	• 살이 찌고, 간장에 축적되면 지방간이 생김 • 혈중 콜레스테롤이 증가하여 동맥경화, 고혈압이 생김
부족	• 성장발육이 늦어지며, 피부염을 일으킴 • 피로하기 쉽고, 추위를 많이 느낌

(3) 지방의 과·부족

과잉	• 혈당은 호르몬의 조절을 받으므로 단순하게 설탕류나 전분의 섭취가 많다고 혈당이 높아지는 것은 아니고 혈당상승에는 지방섭취, 스트레스, 유전인자 등 다른 요인들이 함께 작용함. • 최근에는 정제(도정)된 탄수화물의 섭취비율이 높아진 것이 비만, 당뇨병, 심장순환계질병과 관련이 있는 것으로 보고되고 있음.
부족	• 혈액내 포도당 수준이 내려가 저혈당 증세가 나타남. 일반적인 증상으로는 어지러움, 두통, 근육무기력 등이 있으며 대부분의 경우에는 적당한 음식섭취로 증상이 사라짐. • 특히 식사간격이 길어서 체내 탄수화물 저장이 고갈된 상태 아침에 식사를 하지 않고 직장에 나가거나 심한 운동을 하는 경우는 저혈당 증세가 나타날 수 있으므로 활동을 하기 전에 적절한 음식섭취가 바람직함.

(4) 무기질의 부족증

칼슘(Ca)	● 성장정지, 골격이 약해짐, 치아의 기형, 구루병
인(P)	● 허약, 식욕감퇴, 골격의 통증
마그네슘(Mg)	● 신경장애
나트륨(Na)	● 식욕감퇴, 근육경련
칼륨(k)	● 근육 쇠약
염소	● 식욕감퇴, 성장정지, 근육경련

(5) 비타민의 부족증

비타민 A	● 각막 건조증, 각막 연화증
비타민 D	● 구루병(유아와 어린이)
비타민 E	● 신생아 출혈
비타민 C	● 괴혈병
비타민 B_1 (티아민)	● 각기병(습성 또는 건성)
비타민 B_2 (리보플라빈)	● 구각염, 구순염, 설염, 음부염증
비타민 비타민 B_{12}	● 악성빈혈

(6) 물

물은 에너지원은 아니지만 체내 구성 성분의 2/3을 차지하고 있으며 혈액의 90%를 차지하고 있기 때문에 매우 중요한 물질이다. 신체는 수분의 배설과 섭취의 균형을 이루어야 하며 체내 수분이 10% 상실되면 건강상태가 악화되며 20% 상실시 죽음에 이를 수 있다.

또한 탄수화물, 지방, 단백질 등은 대사되면서 에너지 생산과 함께 대사수를 생성하게 되는데 탄수화물은 60%, 지방은 108%, 단백질은 42%의 수분이 생성된다.

① 물의 작용

♠ 조직세포의 구성성분

♠ 체내영양소의 공급

♠ 노폐물의 체외배출 용이

♠ 체온 조절작용

♠ 분해작용

3. 올바른 식생활

최근 우리의 식생활의 서구화, 불규칙한 식사, 잦은 외식 등 잘못된 식생활로 질환이 증가하고 있는데 이는 식습관의 불균형으로 생긴 것으로 식생활의 개선을 통해서 나아질 수 있다. 바른 식생활은 제때에, 식품구성의 다양한 식품들을 골고루, 자신의 체중과 활동량에 알맞게 적절한 나트륨 섭취와 함께 적절한 시간에 즐겁게 식사하는 것이다.

♠ 다양한 식품을 선택하여 체내에서의 역할이 다른 여러 영양소를 균형 있게 섭취한다.
♠ 비타민, 무기질, 식이섬유가 많은 채소, 과일 및 해조류를 충분히 먹는다.
♠ 우리 국민들에게 부족하기 쉬운 칼슘과 리보플라빈(비타민 B2)을 많이 함유한 우유 또는 우유가공식품을 먹는다.
♠ 지방의 섭취는 총열량의 20% 정도로 한다.
♠ 백미보다는 현미를, 쌀밥보다는 잡곡밥을 많이 먹는다.
♠ 정상체중을 유지할 수 있도록 알맞게 먹는다.
♠ 과식, 결식이나 폭식을 하지 않는다.
♠ 열량만 많이 있는 단 음식, 자극성이 많은 청량음료 등의 섭취를 절제한다.
♠ 식사는 일상생활의 원동력이므로 하루에 세끼를 규칙적으로 하고 즐거운 식사를 통하여 생활의 안정을 얻는다.
♠ 음식은 천천히 잘 씹어서 먹는다.
♠ 식사시간을 가정생활의 구심점으로 하여 가족 간의 대화와 화합의 시간으로 한다.
♠ 음식은 되도록 싱겁게 먹는다.
♠ 고혈압 등 많은 질병의 위험요인이 되는 소금을 하루에 5g 이하로 섭취하도록 노력한다.
♠ 지방간, 간경변 등의 원인이 되고 간암의 위험요인이 되는 알콜의 섭취를 줄인다.
♠ 과음은 알콜의 체내 작용으로 식욕을 저하시키고 다른 식품 중의 영양소의 흡수와 이용을 방해하여 영양의 균형을 깨뜨린다.

1) 연령대별 올바른 식생활

연령	내 용
1~2세	●신생아는 모유를 먹이는 것이 원칙이다. 아기에게 모유보다 더 좋은 음식은 없다. 모유는 질병에 대한 면역성을 제공하고 아이의 정서발달에 도움이 되고 태변이 잘 나오도록 하며 산모의 체중감소를 돕는 등 조제 분유보다 여러가지 장점을 가지고 있다. 산모가 모유를 먹일 수 없는 질병이 있거나 모유 생산에 문제가 있을 때 조제유를 먹일 수 있다. ●조제 분유를 먹일 경우 젖병과 젖꼭지를 깨끗하게 유지하고 기재된 사용방법에 따라 먹이며 구토, 설사, 발진 등 우유에 과민반응을 보이는 경우도 있으므로 이에 주의한다. ●이유기부터 광범위한 음식을 제공해 식품 하나하나의 맛에 대해 익숙해지도록 하고, 씹고 삼키는 훈련을 하며 다양한 조리법을 사용하여 아이 입맛에 맞게 공급하는 것이 좋다.
3~5세	●견과류, 딱딱한 사탕 등 목이 메일 수 있는 음식물에 주의한다. ●과일, 야채, 곡류를 포함한 다양한 음식물을 접할 수 있도록 한다. ●설탕과 지방이 많이 들어있는 과자류는 영양분이 부족하고 규칙적인 식사를 방해할 수 있으므로 제한한다. ●청량음료 대신 물을 충분히 마시도록 하며 카페인이 들어있는 음식이나 음료수는 피하도록 한다. 간식을 통해 필요한 영양소의 일부를 양적으로 보충한다.
6~12세	●과일, 야채, 곡류를 포함한 다양한 음식물을 섭취하며 아침식사를 거르지 않도록 한다. ●설탕과 지방이 많이 들어있는 과자류 대신 신선한 과일, 야채 등 염분과 지방이 낮은 음식을 간식으로 선택한다. ●청량음료 대신 물을 충분히 마시며 카페인이 들어있는 음식이나 음료수는 피한다. ●패스트푸드를 먹을 경우 닭튀김, 청량음료 대신 구운 치킨, 샐러드 등을 선택한다. ●비만과 과체중은 운동 능력 저하, 심리적 열등감 증가, 학업 성적부진 등의 원인이 되므로 적절한 운동과 음식 조절로 비만을 예방한다. ●여아의 경우 외모를 의식하여 다이어트를 하는 경우가 많은데 영양 부족은 성장에 장애가 될 수 있으므로 주의한다.
13~19세	●충분한 에너지와 단백질, 칼슘, 철분 등의 공급이 필요하므로 균형잡힌 식사를 하며 아침식사를 거르지 않도록 한다. ●가족들의 식사 준비에 참여한다. ●패스트 푸드를 먹을 경우 닭튀김, 청량음료 대신 구운 치킨, 샐러드 등을 선택한다. ●야채, 과일 등 섬유질이 풍부한 음식을 먹는다. ●술은 영양분이 적으며 판단력을 흐리게 해 사회적인 문제를 일으킬 수 있으므로 마시지 않도록 한다. ●심한 다이어트에 의한 영양 부족은 성장에 장해가 될 수 있으므로 적절한 운동과 음식조절을 통해 체중을 적절히 유지하도록 한다.
노년기	●노인은 소화기능이 저하되고 치아기능이 약해져 식욕이 떨어지기 쉬우므로 식품, 향료, 색깔, 모양, 온도, 향기, 재질을 다양화한다. ●치아가 빈약할 경우 반가공한, 유연하고 으깬 식사를 제공한다. ●가족이나 친지들과 함께 식사하는 등 외롭지 않게 한다. ●식사 전에 적당한 신체활동을 하여 식욕을 증진시킨다.

2) 여성의 올바른 식생활

여성은 골다공증과 빈혈의 위험이 높으므로 칼슘과 철분을 충분히 섭취해야 하며 변비를 예방하기 위해 섬유질이 많이 들어있는 음식을 먹는 것이 바람직하다. 폐경 전에는 고콜레스테롤혈증을 일으킬 위험이 작으나 폐경 후에는 위험이 증가되므로 콜레스테롤과 포화지방산 섭취를 줄이고 적당한 체중을 유지하는 것이 좋다.

(1) 칼슘과 철분을 충분히 섭취한다.

- 여성은 남성보다 골다공증에 걸릴 위험이 높으므로 특히 청소년기와 성인기 초반에 충분한 칼슘을 섭취해야 한다. 우유, 치즈, 요쿠르트 등의 유제품, 칼슘이 풍부한 야채, 곡류, 견과류 등을 규칙적으로 먹는 것이 바람직하다.
- 여성은 매월 월경을 통해 15 ~ 20mg의 철을 잃어버리므로 철분을 충분히 섭취하지 않으면 철 결핍성 빈혈에 걸리기 쉽다. 육류, 어류, 조류 등의 동물성 식품과 콩, 녹색 채소, 감자, 곡류 등에서 철분을 섭취할 수 있으며 비타민C가 들어있는 음식물을 먹으면 철분의 흡수가 커질 수 있다.

(2) 섬유질을 충분히 섭취한다.

- 섬유질은 포만감을 느끼게 해 과식을 막으며 변비를 예방한다. 섬유질의 섭취는 지방의 섭취를 줄일 수 있게 하며 결장암의 위험을 낮춘다고 한다. 과일, 야채, 곡류, 콩 등을 규칙적으로 충분히 먹는 것이 바람직하다.

(3) 콜레스테롤과 포화지방산의 섭취를 줄인다.

- 혈액에 콜레스테롤이 많을 경우 심장질환의 원인이 되며 포화지방산은 콜레스테롤 수치를 올리는 역할을 하므로 콜레스테롤과 포화지방산의 섭취를 줄이는 것이 바람직하다. 콜레스테롤은 달걀 노른자, 육류 등에 많으며 포화지방산은 육류, 버터, 크림, 치즈 등에 많이 들어 있다. 콜레스테롤을 낮추는 불포화지방산의 섭취를 늘리는 것이 바람직한데 불포화지방산은 식물성 기름(옥수수기름, 콩기름 등)에 많다.

8. 일상생활의 자세

body shape management

일상생활이 우리 인체에 미치는 영향이 매우 크다. 특히 문명의 발달로 인해 인체에 미치는 영향(예, 핸드폰, 컴퓨터, TV, 자동차, 힐 등), 전문화된 직업(같은 자세에서 같은 근육을 반복적인 사용)이 인체에 미치는 영향은 매우 크다.

1) 문명의 발달로 인해 인체에 미치는 영향

(1) 핸드폰

요즘은 스마트폰 시대이다. 길거리를 가도 전철, 버스, 집, 야외를 나기도 누구나 할 것 없이 매우 많은 사람들이 핸드폰을 사용 하느라 정신없다. 이 때 핸드폰을 보려면 고개를 숙여야 한다. 이렇게 고개를 장시간 숙이게 되면 일자목 또는 역커브 목이 되는데 크게 기여를 하게 된다.

(2) 컴퓨터

사무직은 출근을 하게 되면 컴퓨터에 앉아 있는 시간이 하루 8시간 이상 되는 것 같다. 인체의 골격 구조를 옆에서 보면 S자 형태를 이루어져야 정상적인 구조이다. 그런데 오래 앉아 컴퓨터를 하게 되면 허리가 일자로 펴지고 엉덩이도 쳐지며 퍼지게 되는데 크게 기여를 한다. 그리고 일자 목과 거북등을 하는데도 큰 몫을 하게 된다.

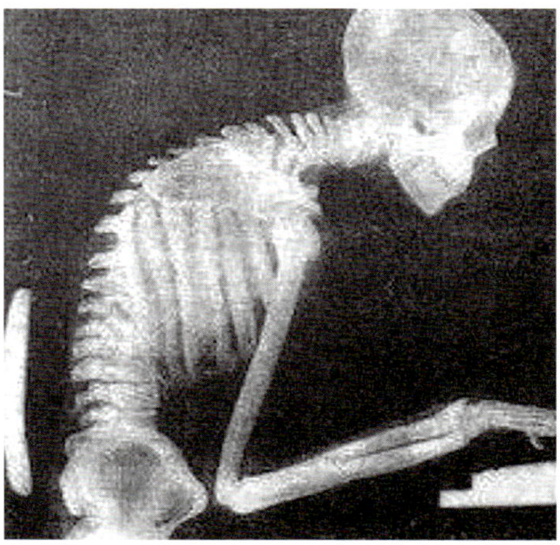

(3) TV

텔레비전은 일상 휴식 생활에 큰 몫을 차지하고 있다. 밖에서 텔레비전을 시청을 할 때에는 의자에 앉아 시청을 하게 된다. 그런데 집에서 할 때에는 누워서 시청 하는 경우가 많다. 누워서 시청을 하게 되면 높은 베개를 사용하여 목이 꺾이게 된다. 그래서 일자목을 만드는데 큰 몫을 하게 된다.

(4) 자동차

자동차를 운전을 하는 자세를 보면 허리는 일자로 펴져 있고 목은 앞으로 나가 있고 몸은 살짝 기울어져 있다. 이 자세로 1시간 이상 매일 반복이 된다면 목은 일자로 변하고 등은 굽고 허리도 일자로 변하고 엉덩이는 퍼지게 된다.

(5) 힐

여성들은 힐을 신고 싶어한다. 높으면 높을수록 좋은가 보다. 하지만 이것이 건강에 매우 안 좋다는 것은 누구나 알고 있다. 힐을 오래 신게 되면 허리가 안쪽으로 들어가게 되며 엉덩이는 오리궁둥이처럼 되고 목은 일자로 변하고 등은 굽게 된다.

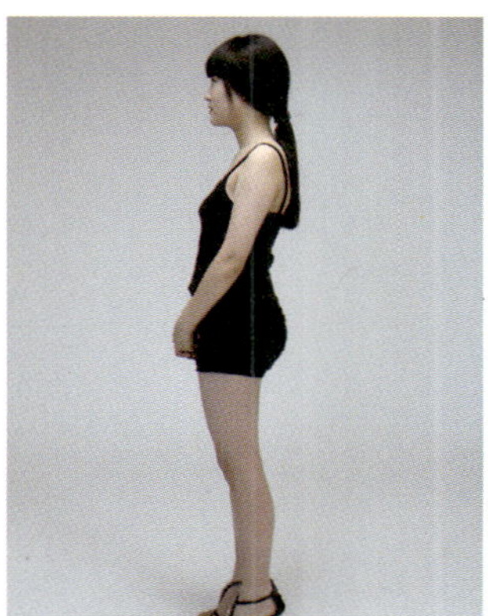

(6) 앉는 자세

앉아 있을 때에는 바닥 보다는 의자가 낫다. 바닥에 앉게 되면 무릎과 발목이 과도 하게 꺾이고 눌리게 된다. 또 허리가 더 구부러져 바람직하지 않다. 또 여성들이 치마 입었을 때 양 다리를 옆으로 모아 척추를 기울게 앉는 자세 매우 안좋다. 그래서 의자에 앉게 되면 그나마 낫지만 30~40분 앉아 있으면 5분 정도는 꼭 서서 걷거나 몸을 움직여 근육을 풀어 주어야 한다.

(7) 서 있는 자세

서 있을 때에는 양쪽 발을 똑바로 해서 양 발에 같은 무게가 실릴 수 있게 서 있도록 한다. 한쪽 발로 서 있게 되면 무게 중심이 한쪽으로 쏠리게 되어 무게가 쏠린 쪽의 골반이 후방으로 변하여 척추에도 영향을 주게 된다.

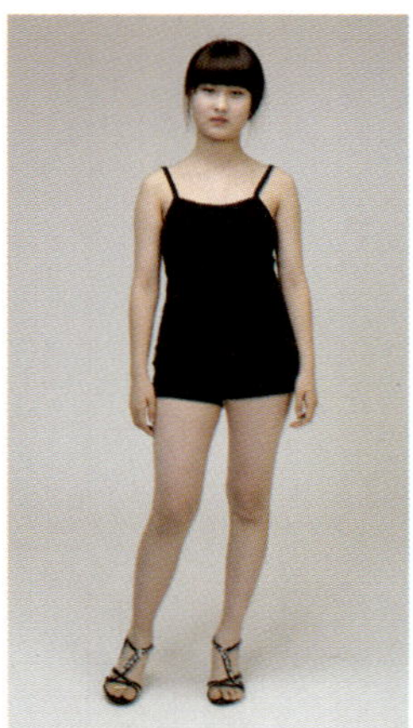
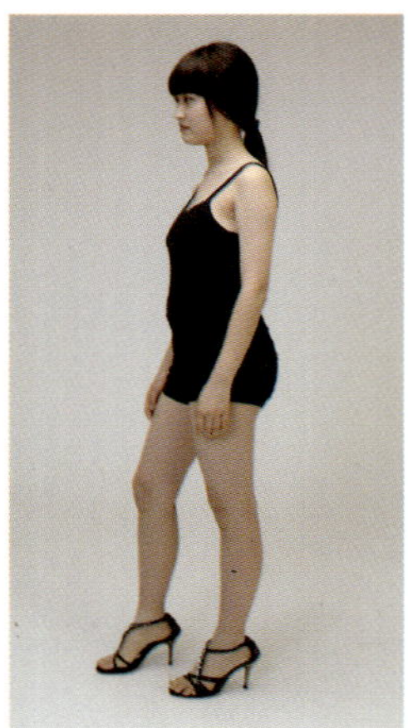

(8) 걷는 자세

걸을 때에는 턱은 앞으로 당기고 등과 허리는 펴고 팔은 앞뒤로 힘차게 걸어야 한다. 이 때 발 끝은 정면을 향해야 한다. 즉, 팔자걸음은 안된다. 팔자걸음은 발목, 무릎, 골반 등에 변형을 가져오게 해서 척추에 변화를 주기 때문이다.

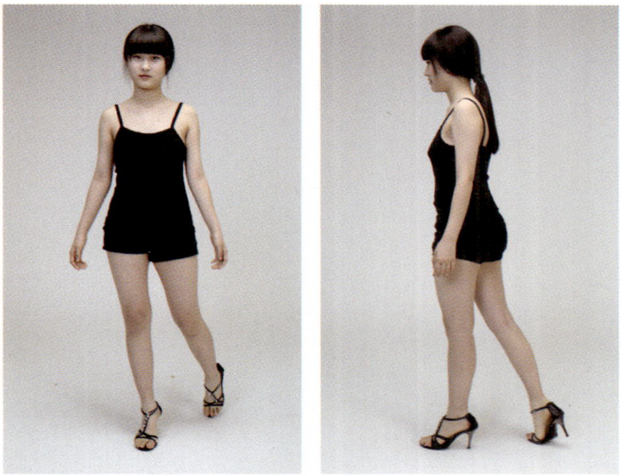

(9) 앉아 있을 때 뒷 주머니에 지갑이 들어 가는 자세

바닥이건 의자건 관계 없이 앉아 있을 때 뒷 주머니에 지갑 또는 핸드폰 등을 깔고 앉게 되면 골반의 균형이 무너지면서 척추가 휘어지는 역할을 하게 된다.

(10) 상의 주머니에 물건을 넣고 다닐 때

상의 주머니에 물건을 넣게 되면 물건의 무게로 상의가 아래로 쳐지게 된다. 이 때 어깨 압박이 되어 순환장애가 일어나게 된다. 순환장애가 반복적으로 매일 일어나게 되면 머리와 몸이 쉽게 피곤해져 일자목과 굽은 등으로 변하는 역할을 하게 된다.

(11) 전화 받을 때

전화기를 머리와 어깨 사이에 끼고 통화를 하게 되면 어깨는 올라가고 머리는 기울어져 척추 변형의 원인이 된다.

(12) 가방을 한쪽 어깨에만 걸칠 때

가방을 한쪽에만 걸치게 되면 가방이 흘러내리지 않게 하려고 본능적으로 어깨를 올리게 된다. 그러면 올린쪽의 승모근이 계속 수축이 되어 있는 상태이다. 한쪽 방향의 승모근 수축은 목의 기울기로도 연결이 된다. 목이 기울어진 상태에서 오래 지속이 되면 중심을 잡으려고 요추, 골반 등에도 영향을 미치게 되어 전체적인 불균형으로 이어지게 된다.

(13) 브레지어

브레지어가 유방을 보호 목적에서 기능성을 더해 가슴을 더 올리고 모아주기도 한다. 이때 너무 무리하게 되면 가슴에 순환 장애가 일어나 가슴이 더 쳐지거나 림프 순환에 장애를 주어 예기치 않은 결과가 나올 수도 있다.

2) 전문화된 직업이 인체에 미치는 영향

(1) 고개를 숙이는 직업

고개를 숙이고 있는 직업은 하루 종일 숙이고 있다. 하늘을 거의 볼 시간이 없다. 인간의 머리 무게는 10~14파운드 정도 즉, 볼링공 하나의 무게를 하고 있다. 이 무거운 머리를 하루 종일 아래로 떨어뜨리고 있을 때 잡고 버텨주는 근육이 목과 등 쪽의 근육이다. 근육이 쉬어가며 일하는 것이 아니고 지속적으로 일을 할 때 피로 물질도 쌓이고 근 섬유가 터지기도 하고 근육을 둘러싸고 있는 근막이 서로 달라붙어 근육의 기능을 떨어뜨리게 된다. 그래서 이 원인으로 굽은등, 일자 목이 되기도 한다. 이것은 서서 일 하는 직업이나 앉아서 일 하는 직업의 공통점이다. 앉아서 일 하는 직업은 여기에 일자 허리와 쳐진 엉덩이 등이 더 할 수 있다.

서서 고개를 숙이는 직업 - 피부관리사, 마사지사, 골프 등

앉아서 고개를 숙이는 직업 - 치과의사, 네일아트, 재봉사 등

(2) 서 있는 직업

인체가 서 있을 때 서 있는 균형을 잡아 주는 것은 근육의 힘이다. 근육은 숙축 할 때 힘을 발휘 할 수 있다. 즉, 움직이지 않고 계속 서 있는 다면 근육은 계속 수축을 하고 있어 피로 물질이 쌓이게 된다. 그러면 근육이 피곤하여 근육의 힘에 균형을 잃게 된다. 근육의 힘에 균형을 잃게 되면 관절을 잡아 주어 관절을 유지하는 힘을 잃게 되어 관절이 틀어지게 되고 척추와 골반 등이 균형을 잃어 틀어지고 휘어지게 된다.

(3) 걷는 직업

하루 종일 이리 뛰고 저리 뛰고 무척 바쁘게 사는 직업군이 있다. 이 때 우리가 주의 깊게 관찰해야 할 것은 발바닥이다. 발바닥에는 족궁이 있다. 족궁은 걸을 때 체중의 충격을 분산하는 역할을 한다. 그런데 매일 걷는다면 발바닥 근육의 피로감과 발 관절의 변화로 인해 족궁이 무너지게 된다. 족궁이 무너지게 되면 족저근막염, 무지외반증, 무릎질환, 종아리가 피곤하거나 두꺼워지는 등 여러가지 문제가 올 수 있다.

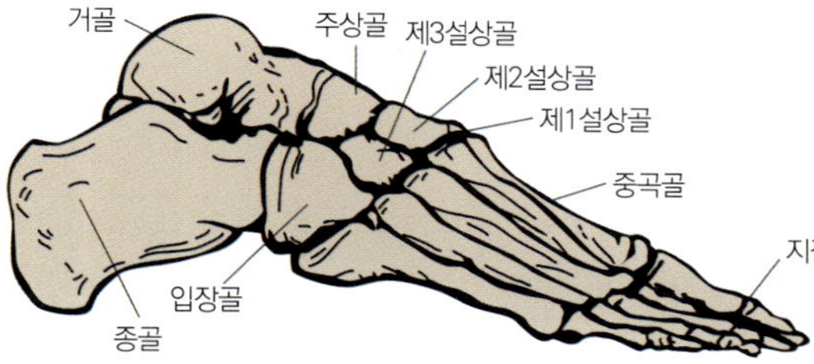

9. 침구의 선택과 방법

body shape management

수면의 중요성

하루 24시간 중 수면 시간은 1/3에 해당 한다. 매우 많은 비중을 차지하고 있다 성인은 8시간, 청소년은 9시간, 아기들은 15~18시간 정도 수면을 취하게 된다.

잠이 보약이라는 말이 있다. 수면을 취하는 시간에 피부도 재생이 되고 성장 호르몬 분비도 왕성해져 성장에 큰 도움도 되고 상처 치유도 되니 수면은 그야 말로 만병통치약이라 할 수 있다. 수면을 잘 취하면 나머지 2/3 시간을 알차고 즐겁게 보낼 수가 있다. 그런데 수면의 깊이가 깊지 못하고 선잠든 것처럼 된다면 하루의 컨디션이 매우 떨어진다. 즉, 삶의 질이 떨어지게 되는 것이다.

얼마나 깊이 적당한 시간을 자주느냐가 중요하다 할 수 있다. 수면은 휴식이다. 즉 에너지를 보충하는 시간이라 할 수 있다. 에너지를 보충하는 데는 적당한 시간이 필요하다. 적당한 시간에 숙면을 취하려면 주변 환경과 침구가 매우 중요하다.

1. 환경

수면 유도 호르몬인 멜라토닌이 분비가 될 수 있도록 해주어야 하는데 멜라토닌 호르몬은 아침에 빛이 눈을 통에 들어오면 15시간 전후로 해서 가장 왕성 하게 만들어 진다. 멜라토닌은 밝으면 줄고 어두우면 분비가 완성해진다. 그래서 잠을 잘 때에는 주변을 어둡게 하고 일어났을 때에는 주변을 밝게 해주어야 한다.

2. 침구

침구에는 바닥에 깔고 자는 메트리스, 덮는 이불 그리고 베개가 있다.

1) 메트리스

메트리스는 너무 딱딱해도 물렁해도 안좋다. 너무 딱딱하면 잠을 잘 때 체중의 무게가 있어 신경과 혈관이 압박이 되어 순환 장애가 일어난다. 그러면 숙면을 취하는데도 방해요소가 되고 건강에도 방해 요소가 된다. 사람이 누웠을 때에 엉덩이, 등, 머리(베개가 없을 때) 부분이 즉, 볼록 올라온 부분이 살짝 밑으로 들어 가주고 허리와 다리 부분은 메트리스가 받쳐 주어야 한다. 메트리스와 인체가 충분히 밀착이 되어 주어야 하루종일 피곤했던 S자 형태의 인체를 휴식을 취할 수 있다. 그런데 너무 딱딱하면 피부와 근육에 압박이 강하여 신경과 혈관에도 압박을 받게 되어 순환이 안되고 엉덩이, 등, 머리 부분이 밑으로 안쳐지기 때문에 바닥과 인체와 사이에 빈 공간이 생기게 된다. 빈 공간이 생겨 있다는 것은 메트리스가 받쳐 주어 근육이 휴식을 취하고 있는 것이 아니고 근육이 긴장을 하여 빈 공간을 유지 하려 하기 때문에 피곤 한 상태라 할 수 있다. 반면 너무 물렁 한것은 엉덩이, 등, 머리 부위와 함께 다리와 허리 부위까지 함께 들어가게 된다. 메트리스가 어느정도 탄성을 가지고 아래에서 받쳐 주는 힘이 있어야 하는데 받쳐 주는 힘이 없으면 근육의 힘으로 버텨주어야 한다. 그러면 근육은 자는 동안 계속 긴장 상태로 되어 있게 된다. 수면 중에는 근육이 편안하게 쉬어 주어야 하는데 자는 동안에도 일을 하고 있는 것이다.

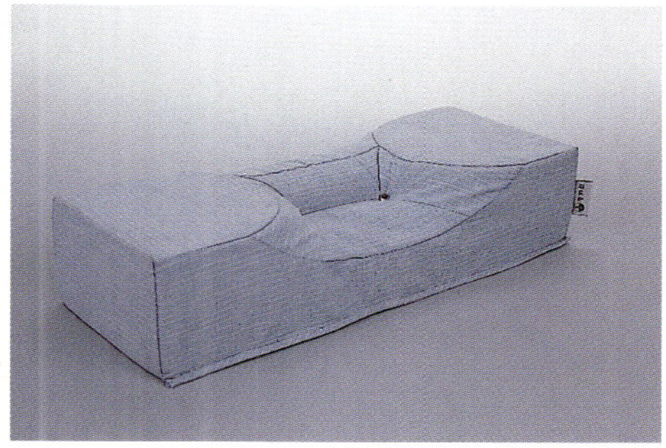

2) 베개

베개는 8시간 수면 중 계속적으로 머리와 목을 받쳐 목 근육이 편안하게 쉴 수 있는 여건을 만들어 주어야 한다. 그럴러면 재질과 높이가 매우 중요하다. 먼저 재질을 살펴보면 너무 딱딱해도 너무 쿠션이 강해도 안좋다. 뚱뚱한 사람, 마른 사람, 목에 커브가 있는 사람, 일자 목인 사람 등으로 나누어 거기에 맞게 베개를 권하는 것이 바람직하다. 베개가 너무 딱딱하면 목과 머리 근육과 피부에 압박이 강하여 결국 신경과 혈관에 압박을 강하게 주게 된다. 그럼 수면하는 동안 계속 순환 장애를 일으키게 된다. 또 너무 쿠션이 강해서 머리와 목을 지지하지를 못하고 목이 꺾이게 되면 수면하는 동안 목과 머리의 근육은 계속 긴장 상태 또는 늘어져 있는 상태로 되기 때문에 자고 일어났을 때 목 또는 어깨가 아플 수 있다.

(1) 높은 베개

높은 베개를 사용하면 목 뒤의 근육과 등 근육이 계속 적으로 늘어나게 되어 근 섬유가 파손 되거나 근막이 서로 달라붙어 순환 장애를 일으키게 되고 통증 또한 유발할 수 있다. 그리고 이 원인으로 척추의 변형을 가져 올 수 있다.

(2) 낮은 베개

낮은 베개를 사용하게 되면 수면 하는 동안 목의 근육이 휴식을 취하는 것이 아니고 긴장 상태로 유지하게 된다. 그러면 수면에서 깨어났을 때 목과 어깨가 아프며 뻐근하게 일어나게 된다. 특히 옆으로 누워 잤을 때는 목과 어깨 높이가 맞지 않아 한쪽 목이 늘어나서 경추 변형에 원인이 되기도 한다.

(3) 이상적인 베개

베개는 너무 높아도 낮아도 안된다. 또 너무 딱딱해도 너무 물렁해도 안된다. 베개는 키, 체중, 어깨 넓이, 목의 형태 등을 고려하여 재질과 높이가 결정되어야 한다. 똑바로 누웠을 때 거부감 없는 압박감과 옆으로 누웠을 때 목과 척추가 일자로 유지되는 베개가 가장 이상적인 베개라 할 수 있다.

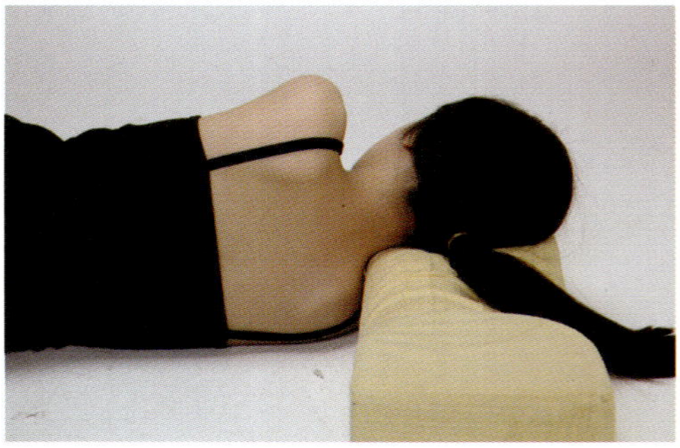

3) 덮는 이불

덮는 이불은 주변의 온도와 습도에 따라 달라진다. 수면을 취할 때는 쾌적한 상태로 유지해야 숙면을 취할 수 있기 때문이다. 날이 덥고 습기가 있는 날은 얇고 가벼운 이불을 날이 추운 날은 조금 두꺼운 이불을 선택한다. 그러나 춥다고 너무 두꺼운 이불을 선택하여 잠을 자며 뒤척일 때 부담스러우면 숙면에 방해요소가 된다.

겨울엔 가벼우면서도 따뜻함을 유지할 수 있고, 여름엔 가벼우면서도 시원함을 유지할 수 있는 이불이 가장 좋다고 할 수 있다.

3. 잠자는 자세

1) 똑바로 누워잔다

매우 바람직한 자세라 할 수 있다. 사람은 자면서 조금씩 움직이게 된다. 그것은 근육을 움직여 압박 받고 있는 부위를 해소 시키며 순환을 더 시키려는 목적이 있기 때문이다.

2) 옆으로 누워 잔다

옆으로 누워 잘 때에는 가랑이 사이에 베개 같은 쿠션을 넣어서 엉덩이와 다리쪽 근육이 긴장하지 않도록 도와주어야 한다. 옛 선조들은 죽부인이라 하여 가랑이 사이에 넣고 자곤 했고 어린아이들이 자는 모습을 보면 이불을 둘둘 말아 가랑이 사이에 넣고 자기도 한다. 매우 바람직하다 할 수 있다.

3) 엎드려 잔다

매우 안좋은 자세이다. 엎드려 자게 되면 심장과 폐가 압박을 가장 심하게 받는다. 그러면 순환 장애와 더불어 우리 몸에 산소공급에 방해 요소가 될 수 있기 때문이다. 또한 장기도 압박을 받게 된다.

10. 얼굴비대칭, 사각턱, 이중턱, 일자목이 되는 이유

body shape management

1. 두개골의 해부학적 구조

뇌두개골

전두골 – 흔히 이마라고 불린다. 태어 날 때 에는 2개의 뼈로 이루어져 있지만 성인이 되면서 하나로 봉합된다. 이를 전두봉합이라 한다.

두정골 – 머리 천정을 가르킨다. 좌우 한쌍씩 4면의 4각을 가지고 있다. 좌우 두정골 사이의 시상봉합, 전두골사이의 관상봉합, 후두골과 두정골 사이의 람다봉합, 측두골과 두정골 사이의 인상봉합

후두골 – 흔히들 뒤통수라 불린다.

측두골 – 좌우측면에 있는 것으로 안쪽에는 평형감각기의 중요한 부분을 수용하고 있으며 내경동맥, 내이신경 및 많은 자율신경이 지나는 곳이다.

접형골 – 두개골 저부의 중앙에 위치하고 나비모양을 하고 있는 함기골이다.

사골 – 코 안쪽에 있는 뼈이다.

안면골

상악골 – 얼굴 중앙에 있고 좌우를 합쳐 말한다. 흔히들 위 턱이라 얘기도 한다.

하악골 – 단일골로 우리 인체에서 가장 강한 뼈이기도 하다. 입을 벌리고 다물 때 음식을 씹거나 말을 할 때 움직이는 뼈이다.

누골 – 안와의 내측에서 사골, 상악골, 전두골과 결합하고 있는 뼈이다.

비골 – 코 뼈로서 좌우가 결합되어 있다.

협골 – 흔히 광대뼈라고 말하고 있다. 상악골 전두골 측두골이 결합하고 있다.

서골 – 부 정사각형의 얇은 골판이다. 전면은 사골의 수직판과 비중격연골이 접하고 있다. 그리고 후면은 양측 후비공의 경계를 이루고 있다.

하비갑개 – 조개껍질 모양으로 비강의 측면을 이루고 있다.

구개골 – 상악골과 접형골 사이에 있다.

설골 – 혀 밑 부분에 위치하고 있다.

안면골

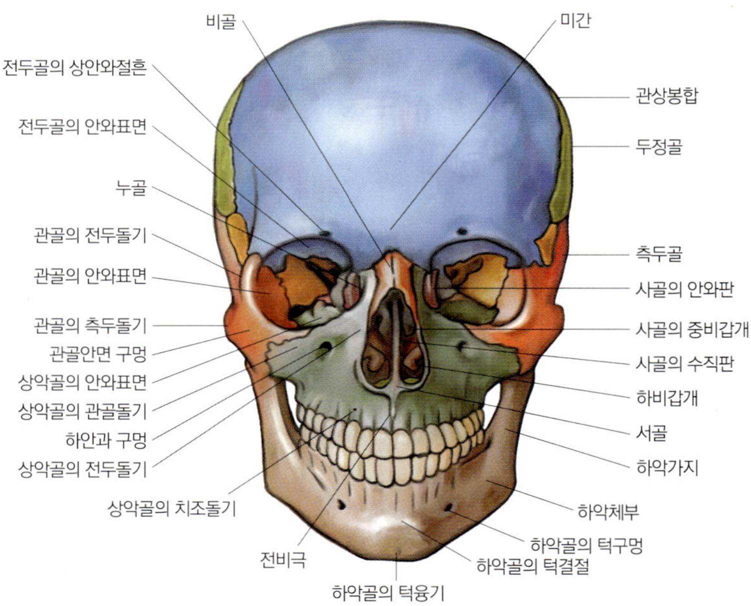

2. 얼굴비대칭

1) 관찰

정면에서 미간 — 코 — 인중 — 하악골의 턱 융기 — 설골을 수직으로 선으로 그어 본다.

수직으로 내려 긋고 있을 때 어느 한쪽으로 기울어짐이 없는가를 관찰한다.

양쪽의 면적 넓이를 관찰한다.

양쪽의 눈 크기와 눈 꼬리가 동일한 위치에 있는가를 관찰한다.

턱 라인이 양쪽이 똑같은 각도를 이루고 있는가를 관찰한다.

살짝 미소를 짓게 해서 양쪽 입 꼬리가 동일한 위치에 있는가를 관찰한다.

말을 하게 하여 입 모양이 동그랗게 정 위치에 있는가를 관찰한다.

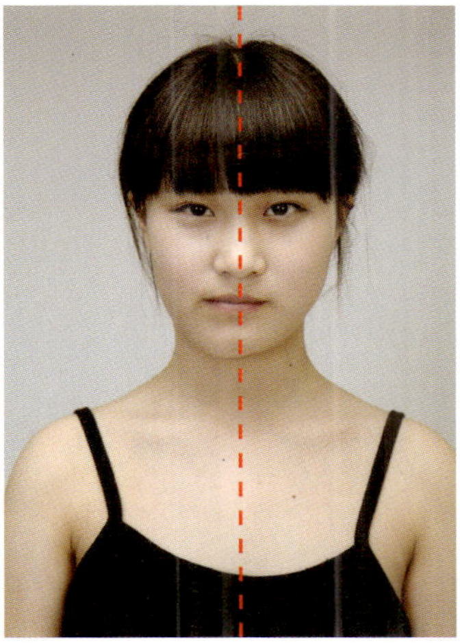

2) 원인

음식을 한쪽으로만 씹는다

음식을 한쪽으로만 씹을 경우 씹는 쪽의 근육이 씹지 않은 쪽보다 더 발달할 수 있다.

치아가 고르지 않다

치아가 고르지 않은 경우 구강의 균형이 무너져 있어 평소 말을 할 때, 저작운동을 할 때 등 안면 근육에 균형이 무너질 수 있다.

턱을 받치고 있는 습관이 있다

턱을 받치고 있으면 턱 관절에 압박이 강해져서 관절 주변 근육 에 피로감을 줄 수 있다. 또 턱을 받치게 되면 일자 목으로 변화 될 가능성이 크다. 목과 턱 관절은 많은 근육이 연결되어 있기 때문에 밀접한 관계가 있다.

엎드려 자는 습관이 있다

엎드려 잘 때 얼굴을 한 쪽으로 돌려 자게 된다. 이 때 턱관절이 틀어 진 상태에서관절에 압박을 장시간 받게 되어 근육이 늘어나서 턱관절이 틀어질 수 있다. 또한 고개도 한쪽으로 회전이 된 상태에서 장시간을 있기 때문에 경추 근육에도 문제가 발생이 될 수 있다. 이로 인해 얼굴 비대칭이 될 수 있다.

양쪽 시력의 차이가 많이 난다

양쪽의 시력의 차이가 많이 나면 눈을 가늘게 떠서 양쪽 시력을 스스로 맞추려 한다. 이 때 시력이 떨어진 쪽의 미간을 찌푸려 더 가늘게 떠서 잘 보려고 노력을 한다. 즉, 양쪽이 떠있는 눈의 크기가 다르고 얼굴이 찡그려지는 범위가 다르다. 이로인해 양쪽 얼굴 균형이 무너질 수 있다.

경추(목뼈)가 정상적인 C 자 커브가 아니다

경추와 두개골, 턱에 연결된 근육들이 한쪽은 늘어나 고 한쪽은 수축이 되어 있다면 수축이 되어 있는 쪽이 턱을 더 당기게 되어 턱이 딸려 가게 된다. 이로 인해 얼굴 비대칭이 될 수 있다.

척추가 휘고 골반이 틀어져 있다

척추와 두개골, 골반과 턱관절의 상관관계가 있기 때문에 여기에 문제가 발생 되면 안면 비대칭이 될 수 있다.

양쪽 다리 길이의 차이가 심하다

다리 길이가 심하게 차이가 나면 서 있거나 걸을 때 충격으로 인체의 균형이 무너져 안면 비대칭으로 될 수 있다.

3) 얼굴비대칭이 인체에 미치는 영향

턱관절에 문제가 될 수 있다

뇌 신경 12쌍 중 9쌍이 턱관절을 지나고 있다. 그래서 턱관절의 문제가 발생이 되는 경우 이 신경들이 알게 모르게 이상 현상을 나타낼 수 있게 된다. (예- 두통, 안면통, 구안와사 등)

측만증의 원인이 될 수 있다

얼굴비대칭이 되면 얼굴의 균형이 무너진 것이다. 그러면 목 뼈(경추)의 영향, 등 뼈(흉추) 허리(요추) 골반까지의 영향을 미쳐 이로 인해 척추가 휘어지는 측만증이 될 수 있다.

비염의 원인이 될 수 있다

얼굴이 비대칭이 되면 코가 정중앙에서 한쪽 방향으로 기울 수 있어 산소가 들어가는 통로가 좁아져 비염의 원인이 될 수 있다.

두통의 원인이 될 수 있다

얼굴 비대칭이 되면 얼굴 근육, 두개골을 감싸고 있는 근육을 감싸고 있는 근막이 서로 붙어 순환장애가 생길 수 있고 또 통증으로 나타나 두통이 될 수 있다.

4) 얼굴 비대칭이 미용에 미치는 영향

피부가 안좋아질 수 있다.
얼굴의 균형이 무너져 변할 수 있다.
얼굴이 찌그러져 보인다.

3. 사각턱

1) 관찰

정면에서 미간 — 코 — 인중 — 하악골의 턱 융기 — 설골을 수직으로 선으로 그어 본다.

양쪽 턱 라인각도를 관찰한다.

2) 원인

질긴 음식을 많이 씹는다

질긴 음씩을 씹게 되면 턱 운동이 격렬해진다. 그로써 턱 주변의 근육이 과도하게 발달 되어 사각턱으로 바뀌게 된다.

고개를 숙이고 있는 시간이 많다

고개를 숙이게 되면 중력 때문에 아래턱이 열리려고 한다. 그러면 이 때 열리는 턱을 안열리게 하려고 지신도 모르는 사이 턱 주변의 근육을 수축 이완 반복 운동을 하게 되어 사각턱으로 변하게 된다.

턱을 받치고 있다

업드려서 또는 앉아 있을 때 턱을 받치고 있는 시간이 길고 반복 되면 턱이 앞쪽으로 밀려 나가 턱 주변 근육이 늘어나 사각턱으로 변한다. 또 변화가 심할 때에는 주걱턱으로 발전하기도 한다.

3) 사각턱이 인체에 미치는 영향

턱관절에 문제를 발생시킬 수 있다

턱 관절에는 뇌 신경 12쌍 중 9쌍이나 관계 하고 있다. 턱 관절에 문제가 발생이 되면 이 신경에 영향을 미쳐 갑자기 소화장애, 이명, 호흡곤란, 안면근육 이상등 많은 이상을 발생 시킬 수 있다.

일자 목이 될 수 있다

턱과 목의 근육이 불균형으로 C 커브의 목에서 일자목으로 변할 수 있다.

4) 사각턱이 미용에 미치는 영향

얼굴이 커 보일 수 있다.
얼굴이 길어 보일 수 있다.
얼굴이 사각이 되어 보일 수 있다.

4. 이중턱

1) 관찰

정면에 서서 아래턱을 관찰한다. 이 때 아래턱이 이중으로 겹치는지를 관찰한다.

2) 원인

오래 앉아서 사무를 보면 발생 할 수 있다

오래 앉아서 사무를 보면 등이 구부정하게 되고 목도 일자 목으로 변하며 턱이 아래로 열리게 된다. 이 때 아래턱의 살이 겹치게 되 는데 이것이 바깥으로 표출하게 되면 이중턱이다.

비만과 절대 관계가 깊다

살이 많아 턱 라인에도 살이 많아 겹치게 되어 턱이 두 개 있는 것처럼 보인다.

3) 이중턱이 인체에 미치는 영향

이중턱이 인체에 어떤 영향을 미치는지는 아직 임상학적, 과학적으로 밝혀진바 없으나 역시 비만과 관계가 깊으니 성인병과도 관계가 깊을 수 있다.

4) 이중턱이 미용에 미치는 영향

턱이 두 개로 보인다.
매우 아둔해 보일 수 있다.

5. 경추(목뼈)의 해부학적 구조

7 개의 뼈로 구성이 되어 있다.
척추의 뼈 중에서 가장 작은 뼈로 구성되어 있다.
경추 6번부터 1번까지 횡돌기에 혈관이 들어가는 작은 구멍이 있다.
경추 1번에는 극돌기가 없다.
경추 1번은 매우 큰 횡돌기를 가지고 있다.
경추 1번과 2번 사이에는 디스크가 없다.
경추 1번 위에서 후두골이 앞뒤로 움직여 끄덕끄덕 할 수 있다.
경추 2번에 치돌기가 있다.
경추 2 번을 축으로 해서 경추 1번이 회전하여 좌우 45~50도 정도 회전할 수 있다
경추 7번은 움직임이 거의 없다.
신경은 8쌍의 신경이 각 관절 사이에서 나오고 있다.
뼈의 두께는 전·후방 똑같다

디스크의 두께는 전방이 후방 보다 두껍다.

경추의 만곡은 아기가 기어 다니기 시작하면서 고개를 들고 다닐 때부터 형성되기 시작한다.

척추

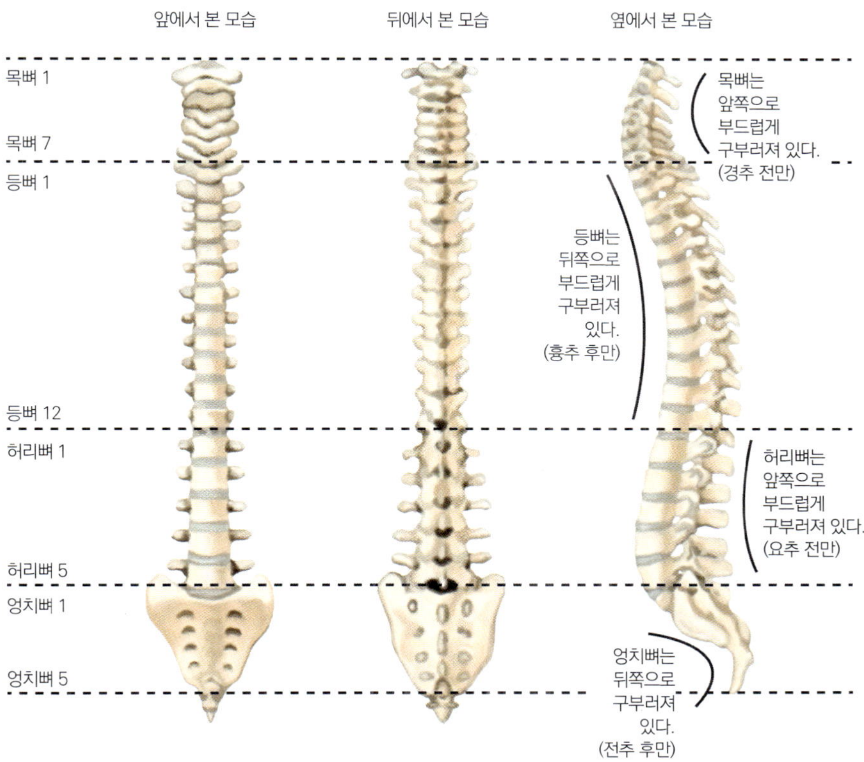

경추 1번과 경추 2번

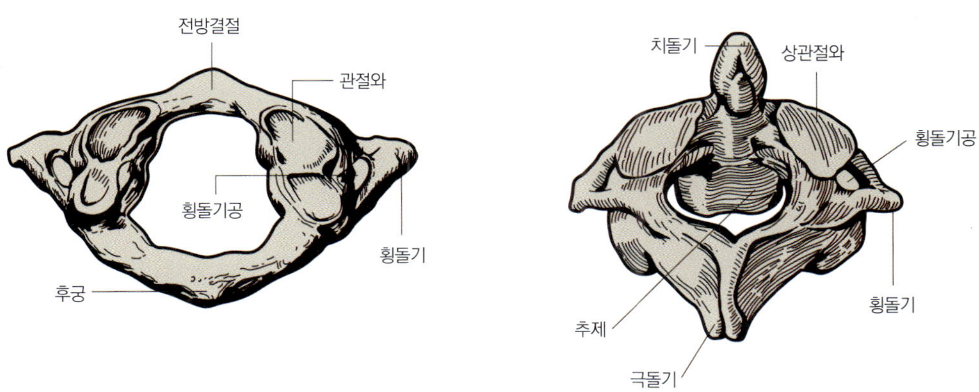

경추 1번 경추 2번

6. 일자목

1) 관찰

일자 목은 옆에서 관찰해야 한다. 귓구멍과 어깨 견봉이 일직선으로 되어 있어야 한다. 그런데 어깨 견봉보다 귓구멍이 앞으로 나와 있으면 일자목이라 할 수 있다.

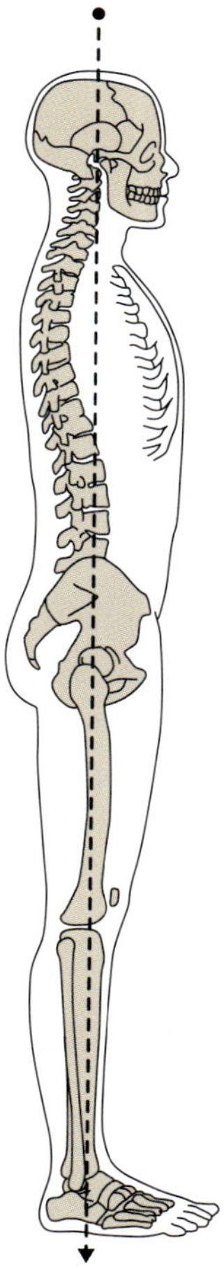

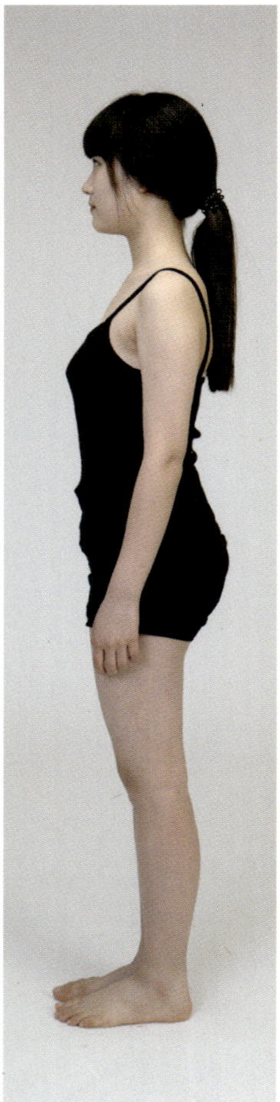

2) 원인

오래 앉아서 사무를 본다

오래 앉아서 사무를 보게 되면 턱이 앞으로 나온다. 이 때 목이 일자로 변하면서 턱이 앞으로 나오는 것이다.

핸드폰을 장시간 한다

핸드폰을 장시간하게 되면 고개를 계속 숙이고 있게 된다. 고개를 계속 숙이고 있으면 목 뒤 근육과 등 근육이 늘어나서 수축 기능이 약해져 일자목이 될 수 있다.

높은 베개를 사용한다

높은 베개를 사용하게 되면 고개를 숙이고 있는 것과 동일한 효과가 나온다.

무거운 배낭을 짊어 지는 시간이 많다

등에 무거운 것을 짊어지게 되면 무게 중심을 잡으려고 상체를 앞으로 기울게 된다. 상체를 앞으로 기울게 되면 머리가 앞으로 떨어지게 된다. 이 때 목은 일자로 변하고 눈은 정면을 봐야 하기 때문에 턱을 들게 된다.

3) 일자 목이 인체에 미치는 영향

두통이 생길 수 있다

목과 등 주변의 근막 유착으로 두통이 생길 수 있다.

어깨 통증이 생길 수 있다

목 뒤 근육이 늘어나서 어깨 통증이 생길 수 있다.

턱관절에 문제가 발생 할 수 있다

목과 턱에는 많은 근육이 연결되어 있다. 그래서 목이 변하면 턱에도 변화가 있을 수 있다.

목 디스크 가능성이 커진다

디스크는 관절의 간격을 유지해야 하며 충격흡수를 해주어야 한다. 그런데 일자 목이 되면 디스크에 순환장애가 생겨 퇴행이 될 수 있다. 그래서 퇴행성 디스크가 올 수 있다.

커브의 중요성

우리 몸의 커브는 매우 중요한 역할을 한다. 걷거나 뛸 때 지구에서 당기는 중력 X 가는 속도가 있어 체중의 3~8배의 충격이 올라오게 되는데 이 충격을 분산하는 곳이 우리 몸의 커브이다. 그런데 이 커브가 없으면 충격은 우리 몸이 그대로 받아들이게 된다. 또 목 뒤 근육과 등 근육이 항상 늘어나 어깨, 등, 목 등에 항상 통증을 가져올 수도 있다.

커브 형성 시기

엄마 배 속에 있을 때 등과 꼬리뼈 커브가 형성되어 진다. 이것을 1차성 커브라 한다. 아기가 태어나서 기어 다닐 때 목을 들게 된다. 이때 목 커브가 형성되고 걸음마할 때 허리 커브가 형성된다. 이것을 2차성 커브라 한다.

골격도

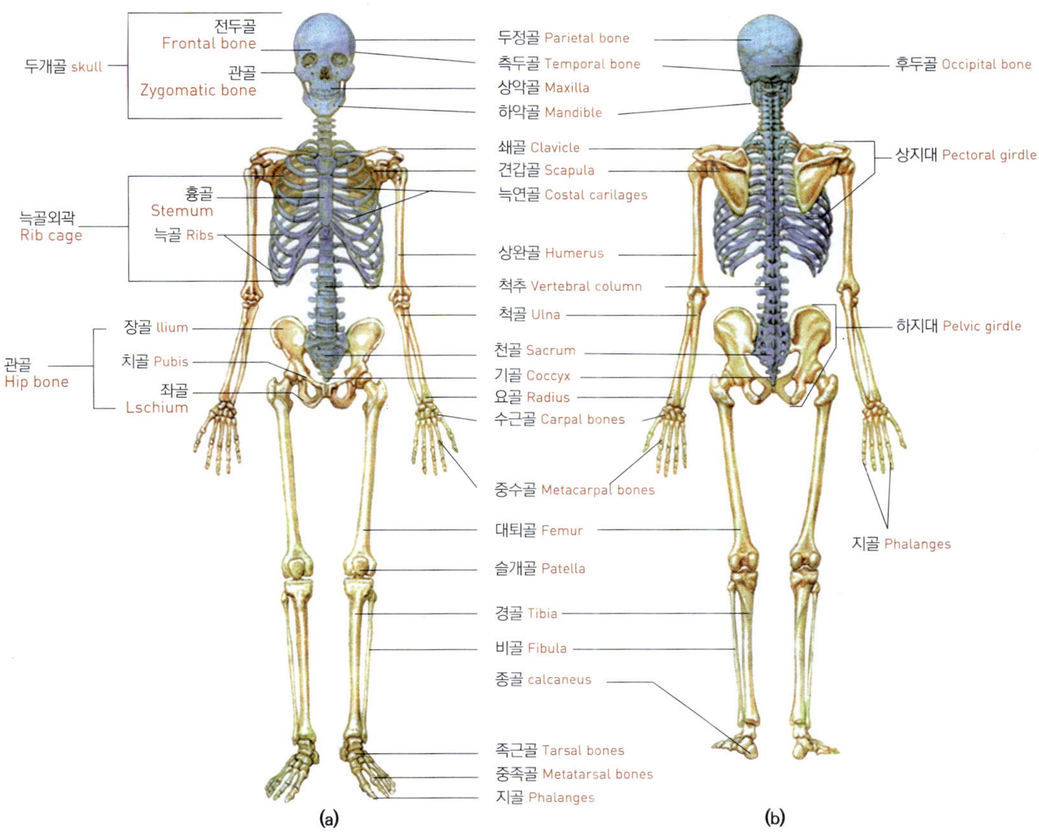

4) 일자 목이 미용에 미치는 영향

턱을 들고 다닌다

일자 목은 고개를 앞으로 숙이게 된다. 이때 시선은 정면을 봐야 하기 때문에 턱을 들 수 밖에 없다.

굽은 등이 될 수 있다

목이 앞으로 빠지게 되니 자연스럽게 등이 굽을 수 있다.

안면비대칭이 될 수 있다

일자목으로 인해 턱관절에 변화가 생긴다면 얼굴의 형태 역시 변하게 된다.

11. 어깨 비대칭, 측만증, 휜다리, 골반이 틀어지는 이유

b o d y s h a p e m a n a g e m e n t

1. 어깨 비대칭

1) 관찰

고객은 상의 탈의를 한다.

앞뒤에서 1m 정도 거리를 두고 양쪽 어깨 봉우리 높이를 비교한다.

양쪽 승모근의 높이를 또는 두께를 비교 한다.

주의 – 꼭 앞 뒤에서 관찰해야 한다. 앞에서는 왼쪽이 높았는데 뒤에서는 오른쪽이 높을 수 있다.

2) 원인

한쪽으로 물건을 만이 들어 올린다

한쪽으로만 들어 올리게 되면 한쪽 근육이 발달되어 근육의 불균형이 일어날 수 있다.

척추가 휘어 있다

척추가 휘어지게 되면 어깨는 균형을 잡는 방향으로 기울어질 수 있다.

전화를 어깨 사이에 끼고 받는다

전화를 어깨 사이에 끼게 되면 어깨를 올리는 근육이 수축이 되고 목을 측굴 하는 근육이 수축된다. 또한 반대쪽 근육은 늘어나게 된다.

옆으로 누워 팔베개를 하고 있다

옆으로 누워 팔베개를 하면 목 근육 한쪽이 과하게 늘어나게 된다.

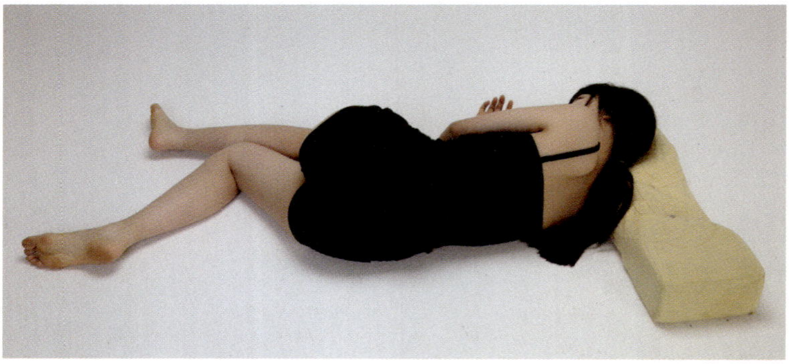

3) 어깨비대칭이 인체에 미치는 영향

어깨 통증을 유발할 수 있다

어깨근육에 불균형이 일어나 근막 유착으로 통증이 나타날 수 있다.

측만증을 유발할 수 있다

어깨가 한쪽으로 기울어지게 되면 늑간근, 전거근, 요방형근, 대요근, 광배근 등에 영향을 주어 척추가 휘는데 매우 큰 역할을 할 수 있다.

허리 통증을 유발할 수 있다

어깨가 한쪽으로 기울어져서 허리쪽 근육에 영향을 주어 허리 통증을 불러 올 수 있다.

소화장애를 유발할 수 있다

어깨가 한쪽으로 기울어지게 되면 복근, 요근등에 영향을 주어서 내장에도 큰 영향을 줄 수 있다. 이로 인해 소화장애를 일으킬 수 있다.

4) 어깨비대칭이 미용에 미치는 영향

어깨가 한쪽으로 기울어져 있다

어깨가 한쪽으로 기울어지게 되면 여성은 브래지어 끈, 남성은 양복 윗저고리가 한쪽으로 흘러 내려가게 된다.

고개가 한쪽으로 기울어질 수 있다

어깨가 한쪽으로 기울어져서 균형을 잡으려고 목은 어깨가 올라온 방향으로 기울어지게 된다.

2. 측만증

척추는 일직선으로 곧게 되어 있어야 정상이다. 그런데 옆으로 휘어 있는 것을 측만증이라 한다.

1) 관찰

고객은 상의를 탈의하고 선다. 관찰자는 1m 후면에서 관찰해 본다. 척추가 S자 모양으로 휘어 있는 모습을 발견 할 수 있다. 그리고 고객은 허리를 90도 정도 구부려 본다. 관찰자는 시선을 허리 등선에 맞추어 관찰하면 등과 허리에서 양쪽이 균등하지 않음을 발견할 수 있다.

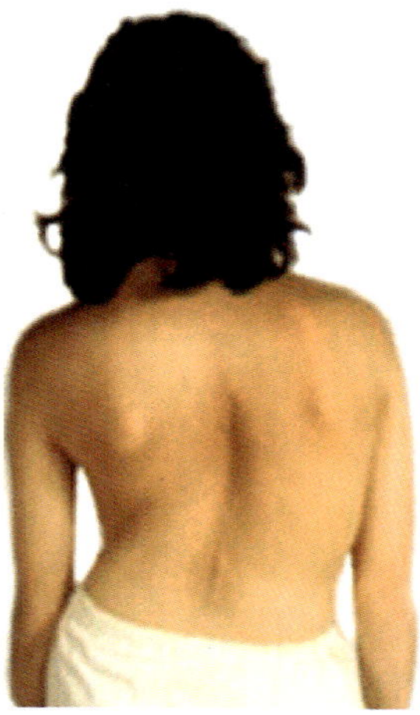

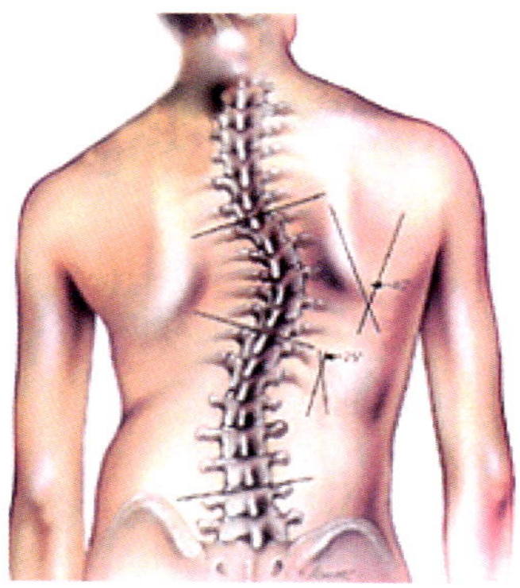

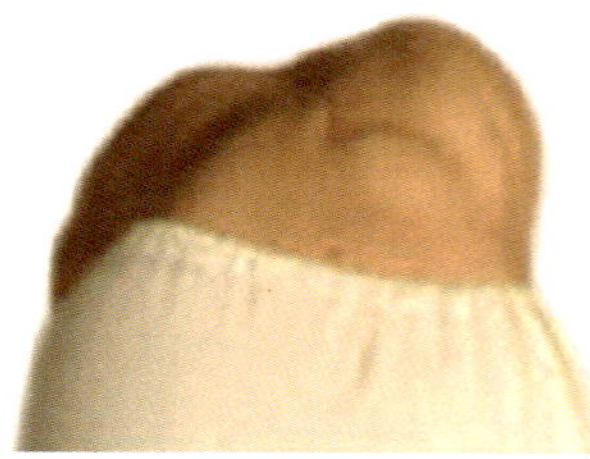

2) 원인

측만증은 구조적인 측만증과 기능적인 측만증으로 나뉘어진다.

구조적인 측만증

원인 불명, 통계학적으로 여성이 남성보다 9 : 1 정도 많다. 성장기의 소년소녀가 성장할 때 만곡의 각도도 같이 발전해 간다. 그러나 성장이 멈추면 더이상 휘어지지는 않은 특징이 있다.

기능적인 측만증

자세나 사고, 영양불균형 등의 원인으로 휘어가는 것이다. 이것은 성장시기, 성별 등과 관계가 없다. 휘어가는 원인을 제거하지 않으면 계속 발전해 나간다. 반면 원인을 찾을 수 있고 원인을 해결하여 빠르게 바른 척추로 돌려놓을 수도 있다.

3) 측만증이 인체에 미치는 영향

퇴행성 증가

관절의 디스크는 영양분을 먹고 노폐물을 내보낼 때 뼈와 뼈의 압박이 있어야 한다. 그래서 눌린 부분에서는 노폐물이 나가고 눌렸다 떨어진 부분으로는 영양분이 쭉 빨려 들어간다. 이런 순환 관계가 잘 이루어져야 건강한 관절이 될 수 있는데 측만이 되면 관절의 가동 범위가 적어진다. 그것은 곧 영양분이 덜 들어가고 노폐물이 덜 나온다는 얘기이다. 이것이 계속 지속 된다면 퇴행성이 될 수 밖에 없다.

척추디스크

디스크 안에는 수핵이 있다. 이 수핵의 역할은 충격으로부터 보호 하는 쿠션 역할을 하는 것이다. 그래서 균등한 힘으로 균등한 압력을 받음으로써 충격을 흡수해 준다. 그런데 측만으로 척추가 휘어 척추와 척추 사이의 간격이 균등하지 않는다면 어느 한쪽이 힘을 더 받고 덜 받고가 생기게 된다. 그러면 수핵이 한쪽으로 계속 몰려 수핵을 둘러싸고 있는 섬유륜을 밀고 나가서 신경을 건들게 되어 통증을 주거나 마비를 주게 된다. 이것을 디스크라 한다.

호흡곤란

측만증이 심한 경우 늑골의 형태도 변한다. 호흡을 할 때 폐가 불어 날 수 있도록 늑골도 함께 늘어나 주어야 하는데 늑골에 변화가 생기면 폐가 불어 날 때 늑골이 벌려지는데 제한이 되기 때문에 호흡곤란이 올 수 있다.

성장장애

키 성장은 각 관절에 있는 성장판과 관계가 있다. 그런데 측만증으로 인해 각 관절이 압박을 받는다면 키 성장에 장애가 된다.

4) 측만증이 미용에 미치는 영향

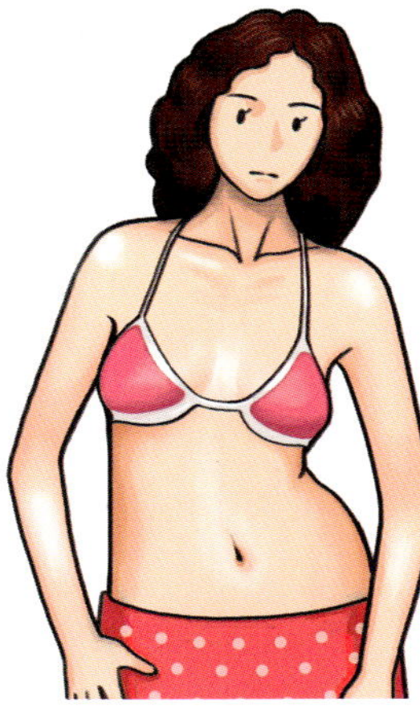

유방의 크기와 위치가 다르다

유방의 크기는 원래 좌우가 조금씩 다르다. 일반적으로 왼쪽이 오른쪽에 비해 약간 큰 경우가 많다. 그런데 측만증으로 인한 크기의 변화는 매우 차이가 난다. 그리고 위치가 좌우 똑같은 수평선 상에 놓여야 하는데 측만증에 의한 높이가 너무 달라 미용상에도 문제가 될 수 있다.

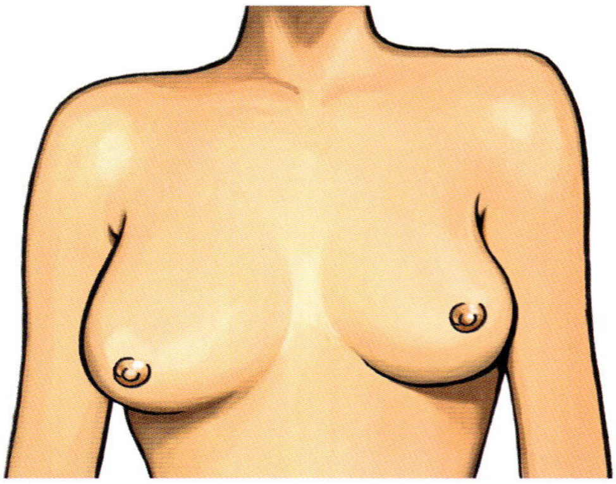

늑골이 튀어 나와 있다

갈비뼈가 앞에서도 뒤에서도 양쪽과 다르게 한쪽은 앞쪽으로, 한쪽은 뒤쪽으로 튀어 나와 있다.

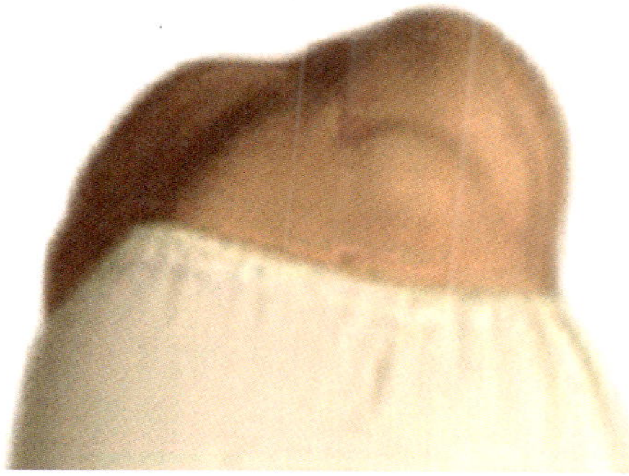

허리곡선의 균형이 무너져 있다

허리 곡선이 잘록하게 들어가야 하는데 한쪽은 과하게 들어가 있고, 한쪽은 밋밋하거나 한쪽 방향으로 튀어 나와 있다.

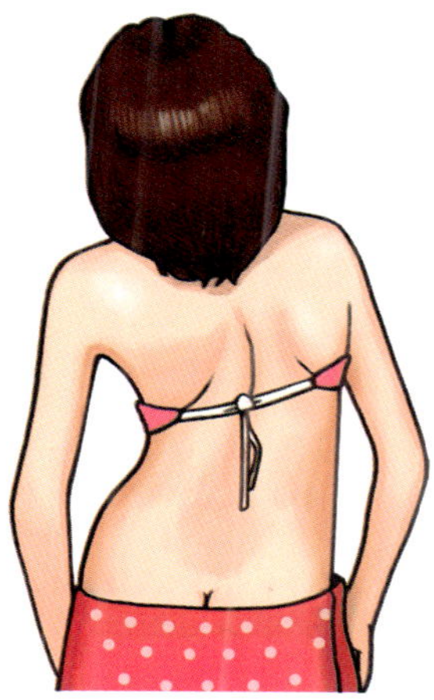

견갑골이 튀어 나와 있다

견갑골은 늑골에 붙어 있어야 하는데 날개를 편것처럼 튀어 나올 수 있다.

5) 척추의 해부학적 구조

(1) 숫자와 두께

척추(vertebral column)
26개

경추(Cervical vertebra) 7개
흉추(Thoracic vertebra) 12개
요추(Lumbar vertebra) 5개
천골(Sacrum) 1개(융합전-5개)
미골(Coccyx) 1개(융합전-4개)

척추의 구조

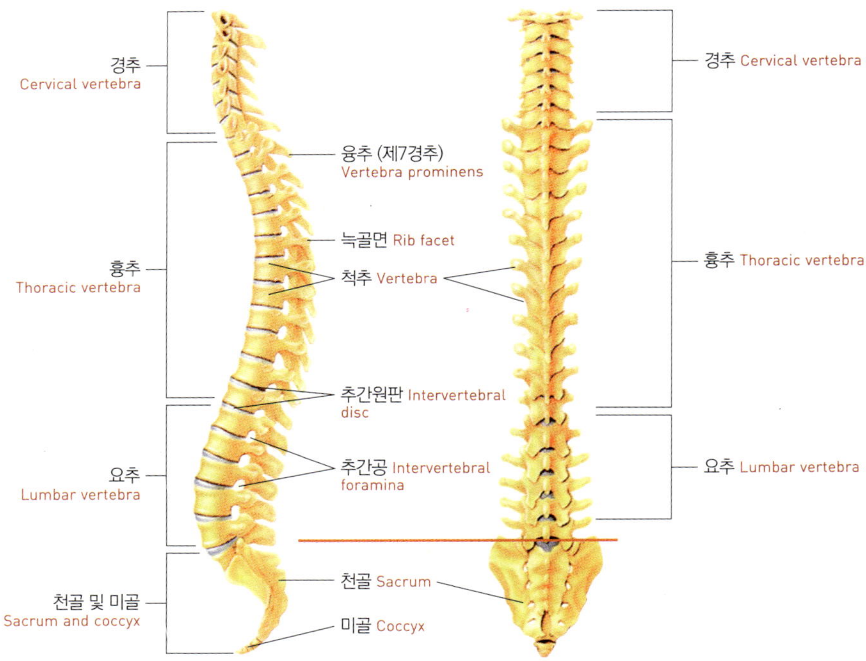

(a) 측면 (b) 후면

경추 - 척추-전방과 후방의 두께가 똑같다.
디스크 - 전방이 후방 보다 두껍다
그래서 경추의 만곡을 만들어 주는 것은 디스크임을 알 수 있다.
흉추 - 척추 - 전방이 후방보다 얇다.
디스크 - 전방과 후방의 두께가 같다.
그래서 흉추의 만곡을 만들어 주는 것은 추골임을 알 수 있다.
요추 - 1번- 전방이 후방보다 얇다.
2번 - 전방과 후방의 두께가 같다.
3~5번 - 전방이 후방보다 두껍다.
디스크 - 전방이 후방보다 두껍다

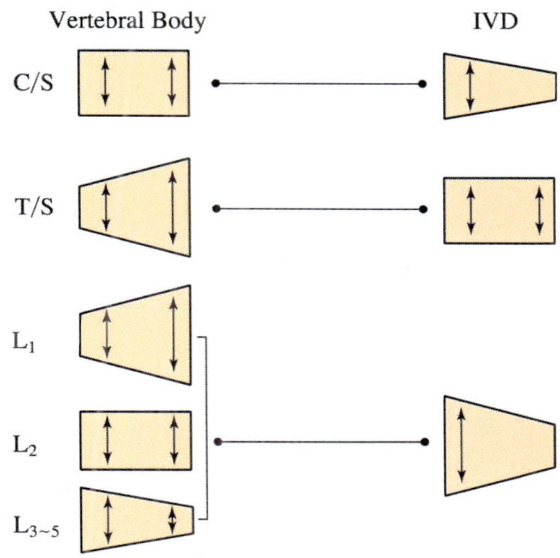

(2) 만곡

만곡

만곡은 1차성 만곡과 2차성 만곡이 있다 1차성 만곡은 흉추와 천골, 2차성 만곡은 경추와 요추이다.

만곡의 형성 시기

1차성은 태아 때, 2차성- 경추는 아기가 머리를 들고 기어 다닐 때 요추는 걸음을 시작할 때부터 형성된다.

척추 커브 형성시기

1차성 : 흉추, 천골

2차성 : 경추, 요추

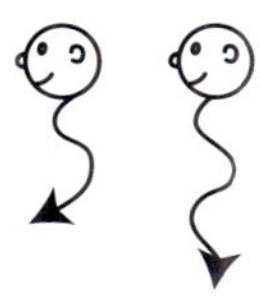

정상적인 커브와 각도

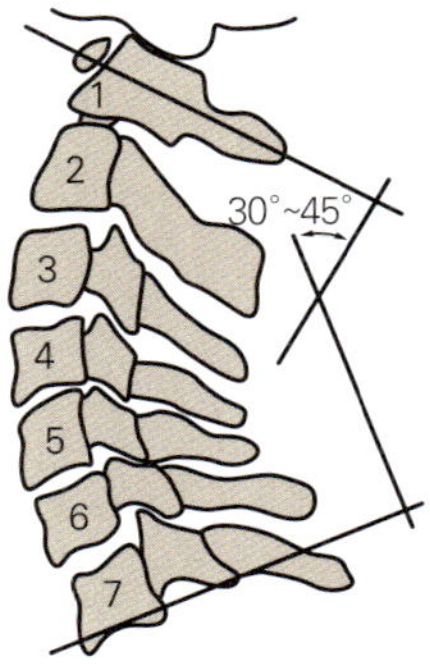

① 목 커브

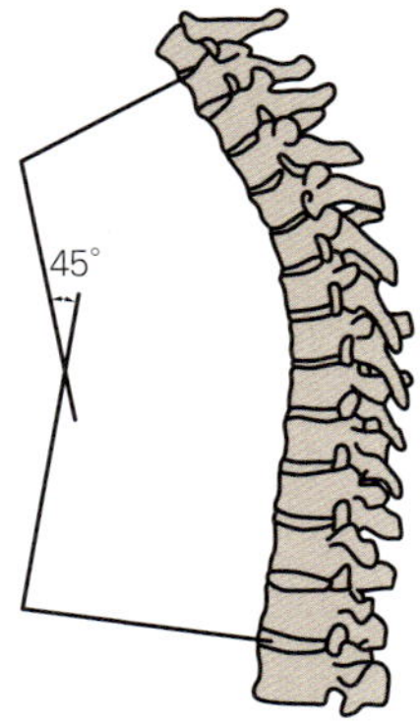

② 등 커브

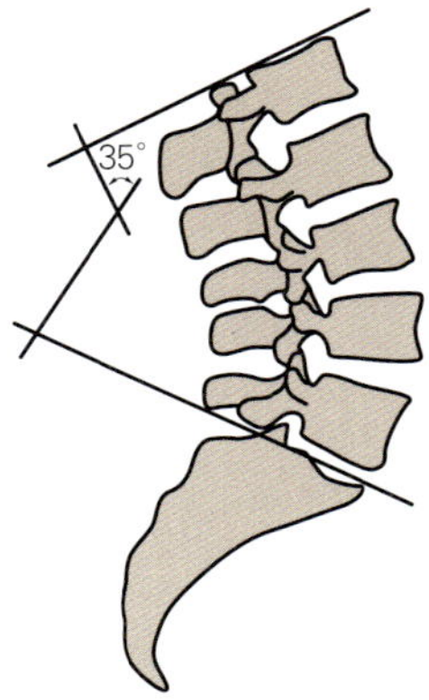

③ 허리 커브

이상적인 척추 모델

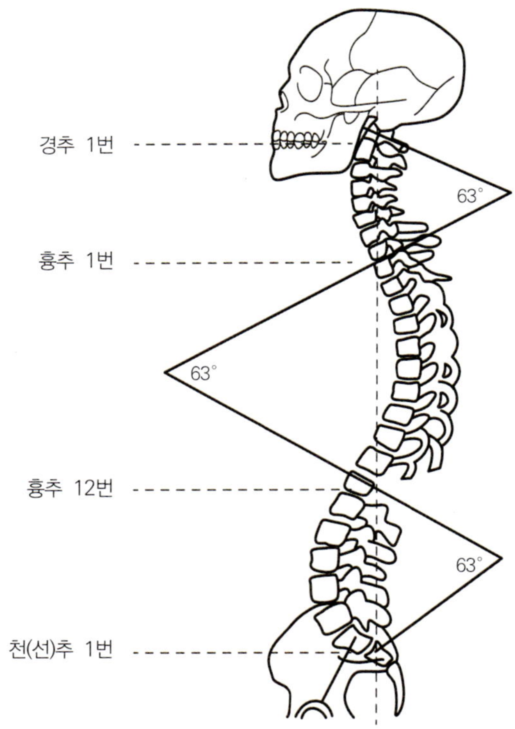

만곡의 중요성

충격완화, 균형

(3) 척추의 운동

경추

굴곡과 회전운동(끄덕이는 굴곡운동은 경추 1번 위의 후두골에서 일어난다. 회전운동은 경추 2번을 중심으로 해서 경추 1번이 회전을 한다.(45~50도)

경추 3번~7번까지의 운동은 굴곡, 신전, 회전, 약간의 측굴 운동

흉추

회전운동

요추

굴곡과 신전운동

3. 휜다리

휜다리는 크게 3가지로 분류할 수 있다. O형, X형, A형. 다리는 휘는 것이 아니고 대퇴골과 경골의 회전에 의해 근육도 같이 회전을 하기 때문에 뼈가 휘어지는 것처럼 보이는 것이다.

1) 관찰

고객은 반바지로 다리를 붙인 상태에서 선다. 관찰자는 1m 떨어진 거리에서 관찰을 한다. 고객의 슬개골을 관찰을 하며 슬개골이 떨어지고 안쪽 허벅지, 종아리가 떨어져 계란형처럼 보이면 O형 다리라 할 수 있다. 슬개골은 붙고 안쪽 허벅지와 종아리가 벌어져 있으면 X형 이라 할 수 있다. 슬개골과 안쪽 허벅지는 붙어 있는데 종아리가 벌어져 있으면 A형 이라 할 수 있다.

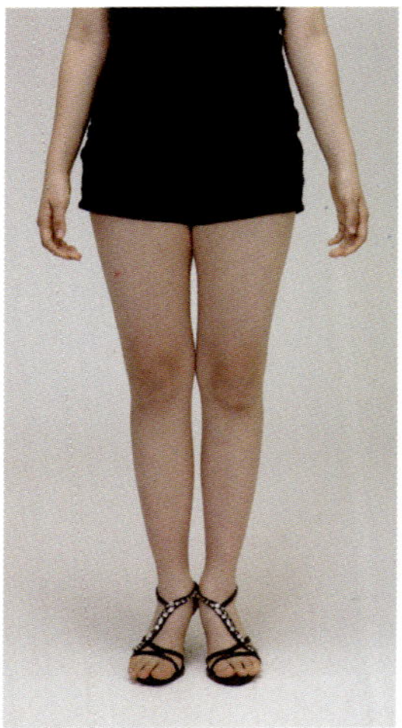
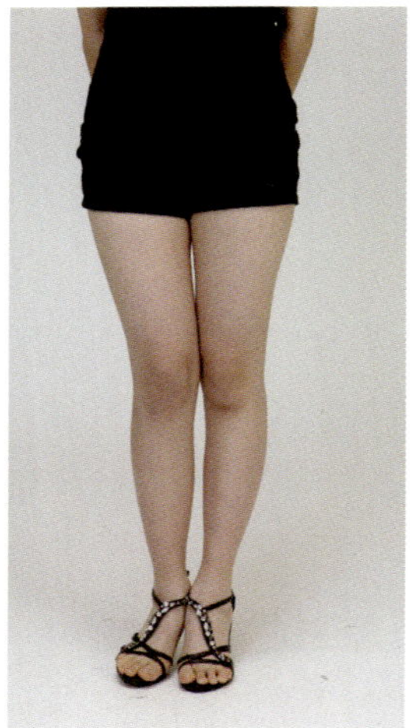
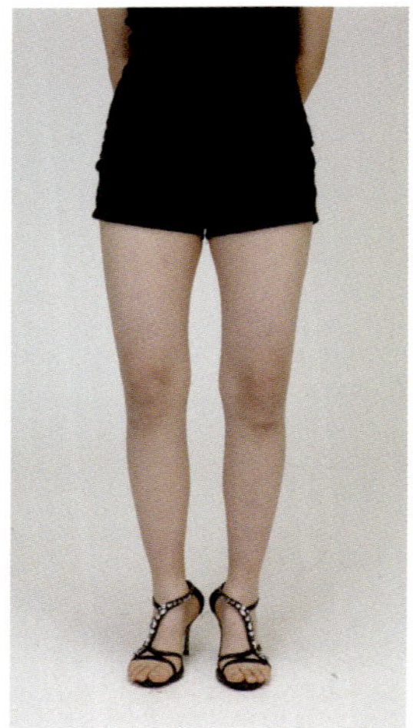

2) 원인

바닥에 앉는 습관

의자가 아닌 바닥에 앉게 되면 고관절, 무릎, 발목에 스트레스가 갈 수 밖에 없다. 그러면 대퇴골과 경골이 회전이 되어 다리가 휘어질 수 있다.

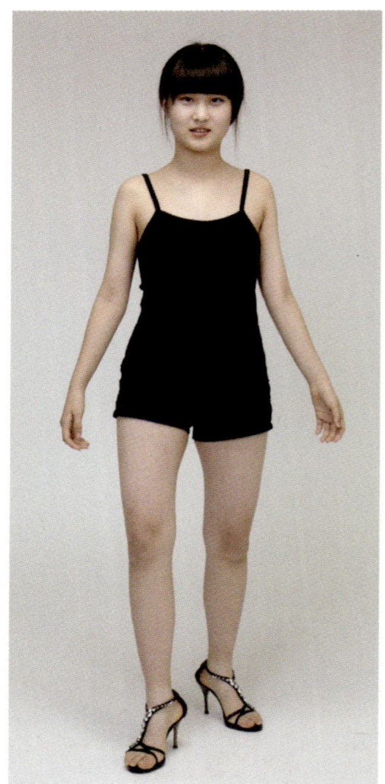

걷는 방법

걸음을 걸을 때 발가락이 정면을 향해 똑바로 걸어야 하는데 발가락이 바깥으로 향해 걸으면 휜다리가 될 수 있다.

평발

· 선천적 – 유전적인 영향으로 태어 날 때부터 족궁이 없이 발바닥이 편평한 것을 말한다.

· 후천적 – 정상적인 발바닥은 족궁이 있다. 정상적인 족궁에서 내려 앉아 있다면 보행을 할 때 균형잡기 편하게 발가락 방향이 바깥으로 향하게 된다. 그러면 이로 인해 휜다리가 될 수 있다.

영양불균형

편식 또는 결식으로 영양 불균형이 생기면 뼈와 근육에 힘을 잃게 된다. 관절을 유지하는 것은 근육의 힘이 큰 작용을 하는데 힘을 잃게 되면 뼈가 회전 될 수 밖에 없다. 그로 인해 휜다리가 될 수 있다.

3) 휜다리가 인체에 미치는 영향

척추가 휘어질 수 있다

하지의 뼈가 회전을 하게 되면 하지와 연결된 골반 역시 틀어지게 된다. 골반이 틀어지면 골반 위에 있는 척추가 중심을 잃고 휘어질 수 있다.

무릎질환이 생길 수 있다

대퇴골이 회전을 하고 경골이 회전을 하면 대퇴골과 경골의 간격이 한쪽이 좁아지며 다른 한쪽은 넓어질 수 있다. 즉, 간격의 균형이 무너지게 된다. 그러면 관절을 지지해주는 근육이 약해지게 되고 관절 안에서 충격을 흡수 해주는 디스크는 영양분 흡수와 노폐물 배출이 원활 하지 않아 퇴행이 될 수 있다.

무지외반증이 될 수 있다

보행을 할 때 발 뒷꿈치를 처음 딛게 되고 마지막에 차고 나가는것이 엄지 발가락 밑에 있는 종자골이다. 그런데 대퇴골, 경골이 회전을 하게 되면 보행을 할 때 균형을 잡으려고 발가락이 정면이 아닌 바깥 방향으로 향해 걷게 된다. 그럼 차고 나갈 때 종자골이 아닌 엄지발가락 측면을 이용하게 된다. 이것이 반복되면 엄지발가락이 꺾이게 된다.

4) 휜다리가 미용에 미치는영향

치마를 입고 싶은데 신경이 쓰여 못 입는다

다리가 휘어져 콤플렉스가 있다 보면 치마를 입을 수가 없게 된다.

바지를 입어도 맵시가 안난다

바지를 입어도 가지런하지 않기 때문에 예쁘지 않다.

승마비만이 생길 수 있다

바지나 치마를 입게 되면 힙 옆라인이 예쁘게 내려 오는 것이 아니라 볼록하게 올라오는 승마비만이 될 수 있다.

걸을 때 팔자걸음 또는 안짱걸음을 걷는다

발 끝이 정면을 향해서 걷는 것이 아니고 바깥 또는 안쪽을 걷기 때문에 보기 안좋다.

4. 골반이 틀어지는 이유

1) 골반의 구성과 역할

골반은 2개의 무명골, 1개의 천골, 1개의 미골로 구성되어 있다. 골반은 방광, 자궁, 생식기, 직장 등을 외부 충격으로부터 보호하는 역할을 하면서 척추를 통해 내려오는 체중을 하지로 전달하는 역할을 하기도 한다. 또한 걷는데 중요한 역할을 하기도 한다.

남녀의 차이

남성의 꼬리뼈는 여성의 꼬리뼈에 비해 안쪽으로 말려 휘어 있다. 여성은 출산 관계가 있어 일직선 상으로 서 있는 형태이다. 치골 부이는 남성은 여성에 비해 각이 날카로운 삼각형 형태이고 여성은 그릇을 엎어 놓은 것처럼 둥근 형태이다. 골반의 넓이는 여성이 남성이 비해 넓으나 깊이는 남성이 더 깊다.

골반

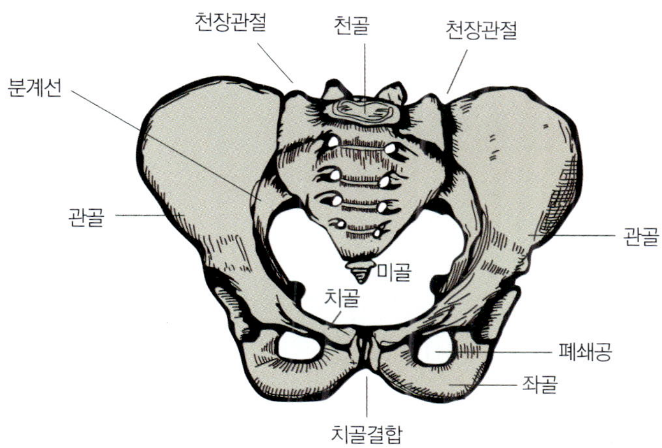
천장관절
천골
천장관절
분계선
관골
관골
미골
치골
폐쇄공
좌골
치골결합

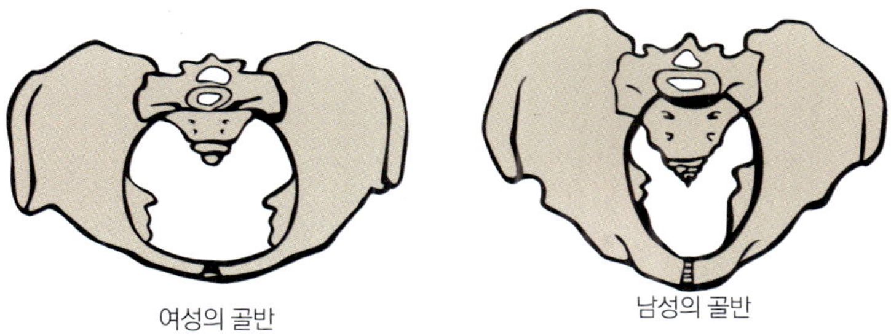
여성의 골반
남성의 골반

우측관골(외면)

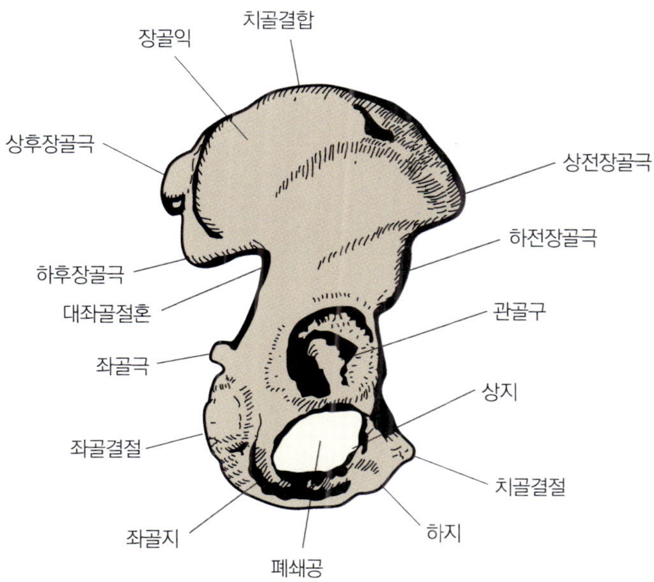
치골결합
장골익
상후장골극
상전장골극
하전장골극
하후장골극
대좌골절흔
관골구
좌골극
상지
좌골결절
치골결절
하지
좌골지
폐쇄공

2) 관찰

고객은 하의를 탈의하고 다리를 붙인 상태에서 정면을 바라보며 서 있는다. 관찰자는 고객의 등 뒤에 서서 엉덩이를 위에서 아래로 내려다본다. 이때 어느 쪽 엉덩이가 뒤로 나와 있고 앞으로 들어가 있는지를 관찰한다. 그리고 관찰자는 한걸음 뒤로 물러나서 고객의 엉덩이가 쳐져 있는지 오리 궁둥이처럼 올라가 있는지 또 사각 엉덩인지를 관찰한다.

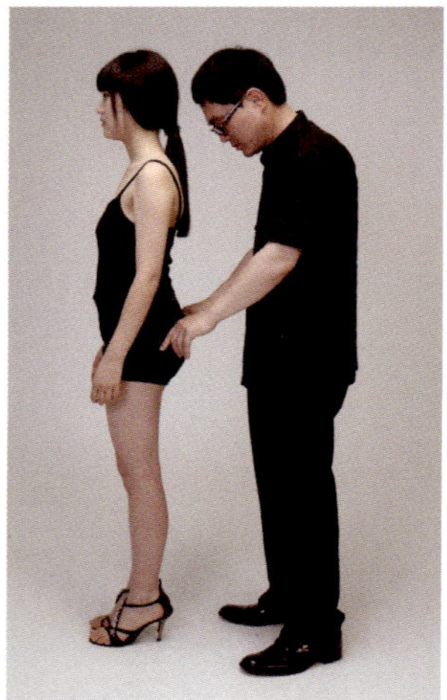

3) 원인

오래 앉아 있는다

오래 앉아 있으면 골반이 후방으로 변할 수 있다 후방으로 변하면 엉덩이가 쳐지는 현상이 올 수 있다. 그리고 오래 앉아 있으면 근육의 탄력을 잃어 엉덩이가 퍼져 사각 엉덩이가 될 수 있다.

다리를 꼬고 앉는다

다리를 꼬고 앉으면 짝궁둥이가 될 수 있다. 앉아 있을 때 양쪽 엉덩이 높이가 다르기 때문에 짝궁둥이가 될 수 있다.

뒷주머니에 지갑 또는 핸드폰 등을 넣고 앉는다

뒷주머니에 물건을 넣고 앉게 되면 엉덩이 높이가 달라 골반이 틀어져서 짝궁둥이가 될 수 있다.

서있을 때 한쪽 다리로 서 있는다

한쪽 다리로(짝다리)만 체중을 지탱하고 서 있는다면 골반이 변형이 되어 짝궁둥이가 될 수 있다.

힐을 신는다

높은 힐을 신게 되면 골반이 앞으로 변하여 엉덩이가 오리궁이처럼 변할 수 있다.

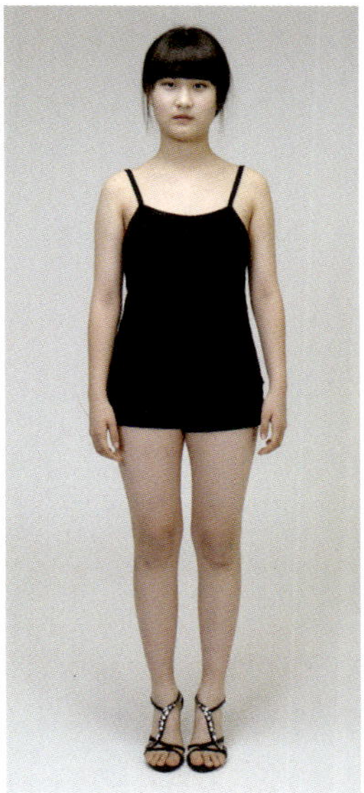

4) 틀어진 엉덩이가 인체에 미치는 영향

척추가 휘어질 수 있다

골반은 척추를 받치고 있다. 받침돌이 기울어지면 자연스럽게 척추가 기울어질 수 있다.

다리 길이가 달라질 수 있다

골반이 틀어지게 되면 골반에 연결된 하지도 같이 변화가 생길 수 있다. 이 변화에 다리 길이가 달라질 수 있다.

좌골 신경통 등이 올 수 있다

골반이 틀어지면 골반에 붙어 있는 근육들도 같이 변한다. 그럼 엉덩이 쪽으로 내려가는 신경들이 압박을 받을 수 있다. 그래서 좌골 신경통 등이 올 수 있다.

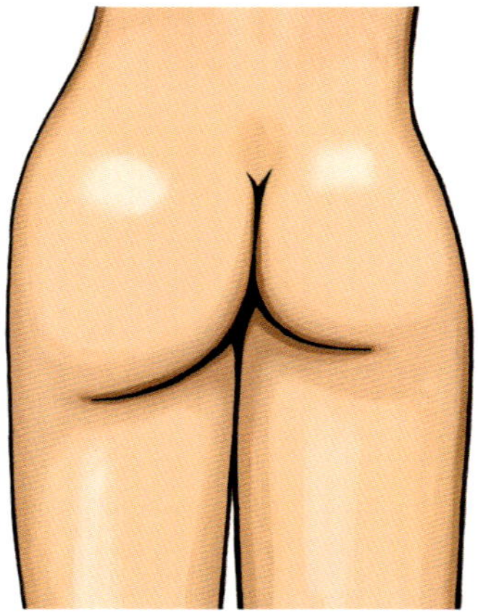

5) 틀어진 엉덩이가 미용에 미치는 영향

1) 골반이 회전을 하거나 틀어져 있으면 스커트를 입으면 스커트가 자꾸 돌아간다.
2) 골반이 틀어져 다리 길이가 다르면 바지를 입으면 기장이 다르게 바닥에 닿고 무릎 위로 오는 스커트를 입게 되면 무릎의 높이가 달라 예쁘지 않다.
3) 골반이 틀어져서 엉덩이가 쳐지게 되면 바지를 입을 때 예쁘지가 않다.
4) 골반이 틀어지면 걸을 때 보폭이 다르기 때문에 보기 안좋다.

12. 새가슴, 오목가슴, 유방 비대칭이 되는 이유

body shape management

1. 해부학적 정의

골격 - 12쌍의 늑골과 흉골이 있다.

근육 - 대흉근, 소흉근, 늑간근, 전거근 등

흉부와 어깨근육

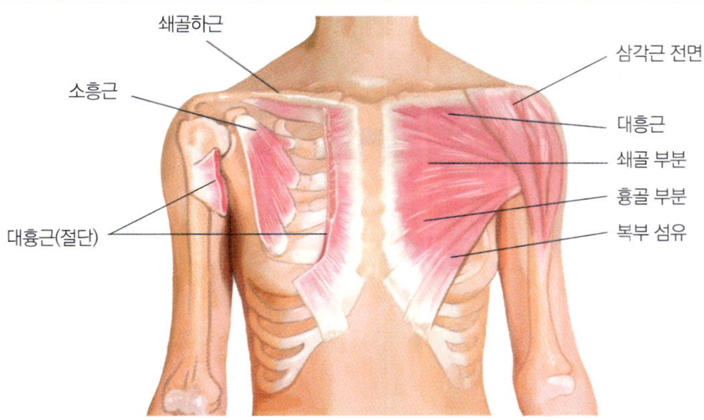

2. 새가슴의 정의

흉골 부위가 돌출이 되어 흉골에 붙은 늑골도 같아 돌출되어 있는 것을 새가슴이라 한다.

선천적 – 새가슴은 선천적으로 아동기에 발견이 된다. 통계적으론 남성이 여성보다 4:1 정도 비율로 많다. 그리고 약 30% 정도는 가족력이 있다. 또한 측만증처럼 자라면서 새가슴의 정도도 같이 발전 된다. 그래서 아동기에 적절한 관리를 해줌으로써 더 이상 발전이 안되게 해주는 것이 매우 중요하다. 또 새가슴은 심장 등 내부에 문제가 발생될 수 있으니 흉부외과와 상의가 필요 할 수 있다.

후천적 – 체형적으로 마른 사람한테서 발견할 수 있다. 주로 업드려 있거나 잘못된 자세로 늑골의 변형으로 새가슴 형태로 변할 수 있다.

새사슴

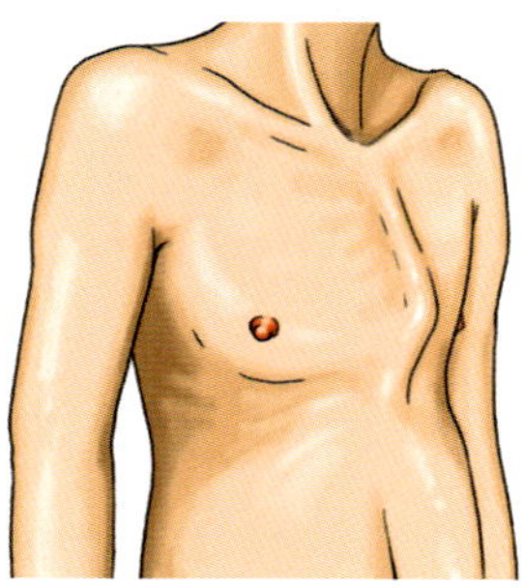

1) 새가슴이 인체에 미치는 영향

(1) 심장기형

흉골과 늑골은 심장을 보호하는 것이다. 그런데 보호할 수 있는 골격에 변화가 생겨 심장에 변화가 생길 수 있다.

(2) 호흡곤란

호흡을 할 때 폐가 부풀어 올라 가고 줄어들고 한다. 이 때 늑골 역시 같이 벌어져 주고 줄어 주고 해야 호흡을 할 수 있다. 그런데 늑골의 변형으로 호흡할 때 늑골이 벌어지지 못한다면 호흡 곤란이 올 수도 있다.

(3) 폐기종성 변화

폐 조직의 염증으로 폐포가 망가져서 기포처럼 생긴다.

(4) 통증

늑연골의 성장이 빨라지는 시기에 통증을 호소하기도 한다.

호흡근

호흡을 할 때 도와주는 근육을 말한다. 횡격막이 수축하여 숨을 들이 마시게 되면 폐가 팽창을 하는데 이 때 늑골도 같이 유연성을 가지고 팽창 해주어야 한다. 이 때 도와주는 근육을 호흡근이라 한다. 횡격막, 전거근, 대흉근, 소흉근, 사각근, 늑간근 등을 말한다.

숨을 내 쉴 때에는 복직근, 외복사근, 내복사근, 복횡근 등이 수축을 하고 다른 근육은 이완이 되면서 숨을 내쉬게 된다.

호흡의 중요성

우리 몸에서 에너지를 사용하고 난 후 이산화탄소를 호흡을 통해서 배출한다. 폐에서 결합된 산소는 혈액을 통해 우리 몸 구석구석 운반하게 된다.

심장의 구조

우리 몸의 심장은 2심방 2심실로 구성이 되어 있다. 대정맥을 통해 들어온 산소를 잃은 혈액은 우심방-우심실-폐동맥-폐(폐에서 이산화탄소와 산소가 교환이 된다.) 여기까지 산소를 잃은 혈액의 순환이다. 그리고 폐-폐정맥-좌심방-좌심실-대동맥 이 순서로 산소를 공급 받은 혈액이 순환을 하게 된다.

2) 새가슴이 미용에 미치는 영향

(1) 흉골이 튀어 나오기 때문에 항상 옷을 목까지 올라오는 것으로 가려야 한다.
(2) 마른 사람이 새가슴이 되면 늑골과 흉골의 변형으로 체형이 그다지 예쁘다 할 수 없다.

3. 오목 가슴

흉골과 늑골이 새가슴과 반대 방향으로 움푹 들어 간것을 말한다. 정도의 차이와 모양은 개인적인 차이가 있다. 가벼운 접시모양부터 계곡처럼 움푹 파인 사람까지 매우 다양하다.

1) 관찰

고객은 상의를 탈의 하고 정면에 선다.

관찰자는 고객과의 거리를 30cm 정도 두고 가슴이 안쪽으로 파인 홈이 있는지를 관찰한다.

2) 원인

선천적 - 가족력을 말하는 학자도 있으나 정확하지는 않다. 가족력이 없다고 판단하는 것이 좋을 것 같다. 연골의 이상으로 늑골이 안쪽으로 파여 들어가는 것이다.

후천적 - 어떤 사고에 의한 것을 말할 수 있다.

3) 오목가슴이 인체에 미치는 영향

(1) 심장기능 약화

심장은 흉골 아래에 위치하고 있다. 흉골이 심장 쪽으로 내려간다면 24시간 움직여할 심장에 압박을 주어 움직이는데 스트레스를 줄 수 있다. 이로 인해 기능이 약해질 수 있다. 또 심장의 다른 질환들도 생각해 볼 수 있다.

(2) 폐기능 약화

숨을 들이 쉬게 되면 폐가 팽창을 하게 된다. 늑골 또한 같이 팽창을 해주어야 하는데 흉골과 늑골이 안쪽으로 밀려들어가 폐와 늑골이 팽창 하는데 방해를 할 수 있다.

(3) 피부질환

심장이 압박을 받게 되어 혈액 공급에 차질이 생기고 폐와 늑골이 팽창되어 풍부한 산소가 폐 안으로 들어가 혈구에 산소를 공급하고 이산화탄소를 내뱉는 기능이 떨어진다면 피부에 충분한 산소가 공급이 안되어 피부질환으로 이어질 수 있다.

(4) 영양결핍

영양을 분해하는데 결정적으로 필요한 것이 산소이다. 그런데 산소가 부족하면 우리 몸에 흡수하게끔 만들어져야 할 영양소가 덜 만들어지게 된다. 그러면 우리 몸은 자동으로 영양 공급을 충분히 받지 못해 영양결핍이 된다.

(5) 빈혈

뇌에 산소 공급이 잘 안되어 빈혈을 일으킬 수 있다.

(6) 근력저하

심장기능 약화로 우리 몸에 혈액 공급을 충분히 받지 못해 근력이 저하될 수 있다.

4) 오목가슴이 미용에 미치는 영향

♠ 가슴이 움푹 파여 항상 자신감을 상실할 수 있다.
♠ 가슴이 움푹 파여 가슴이 파인 옷을 입을 수가 없다.
♠ 가슴이 움푹 파여 수영장, 대중탕 등을 기피할 수 있다.

4. 가슴관리

여성의 가슴은 신이 주는 선물이라 하였다. 그래서 가슴을 예쁘게 하려고 많은 노력을 하고 있다. 노력 가운데에는 수술도 있고 운동, 체형관리 등이 있다.

1) 관찰

고객은 상의를 탈의 하고 바르게 선다. 관찰자는 1m 거리를 둔다.

양쪽 가슴의 크기를 관찰한다.(보통은 왼쪽 가슴이 오른쪽보다 약간 크다)

양쪽 가슴의 위치가 똑같은지를 관찰한다.

양쪽의 유두가 정상인지 함몰인지를 관찰한다.

유방부위에 함몰부위가 있는지를 관찰한다.

양쪽 가슴의 피부색이 같은지를 관찰한다.

가슴에 주름이 생겨 있거나 모공 상태를 확인해본다. 주름이 생겼거나 모공이 커져 있으면 병원에서 정밀 검사를 받게 하는 것이 좋다.

검사

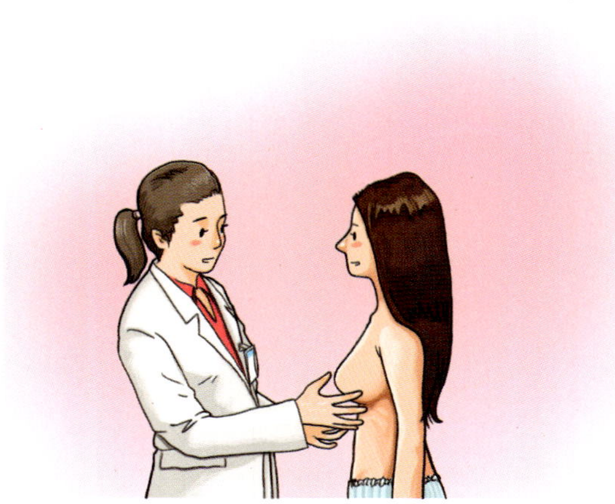

2) 유방 암

유방 암의 원인은 아직 정확하게 밝혀진 것은 없다. 다만 가족력, 출산, 수유, 흡연 등과 관계가 있다고 추측은 할 수 있다. 암은 선천적인 것보다 후천적인 영향이 매우 크다고 할 수 있다. 즉, 환경적인 영향이 크다.

(1) 촉진

고객은 상의를 탈의하고 눕게하고 촉진해 본다.

시술자는 손 끝에 정신을 집중하고 가슴 주위부터 만져 본다. 이 때 덩어리가 만져지는지를 확인한다. 이 때 덩어리가 단단하거나 통증이 있으면 병원에서 정밀 검사를 받게해야 한다.

시술자는 고객의 유두를 짜본다. 이 때 악취가 나는 분비물이 나온다면 병원에서 정밀 검사를 받게 해야 한다.

(2) 자가진단

샤워하며 하는 것이 좋다. 손에 샴푸나 로션을 바르고서 하면 더 느낌이 살아날 수 있다.

한쪽 팔은 머리 뒤로 하고 한손으로 겨드랑이 → 가슴주위 → 유두 방향으로 가벼운 손길로 어루만지듯 찾아본다. 딱딱한 멍울이 있는지 피부가 갑자기 딱딱해졌는지 그리고 유두에서 악취가 나는 분비물이 나오는지를 스스로 찾아본다.

자가 진단

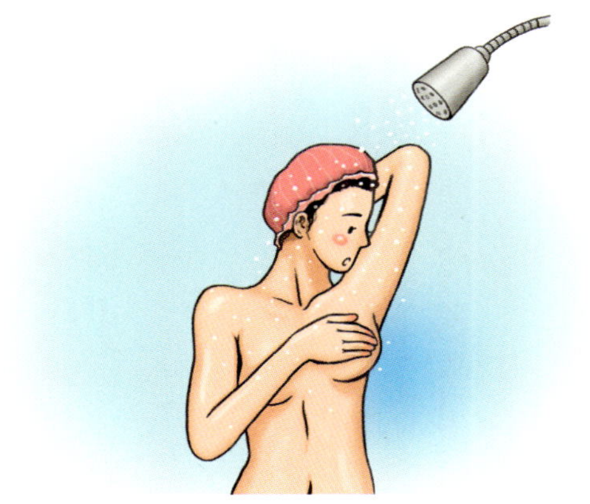

3) 유방 비대칭의 원인

유방을 관찰하였을 때 양쪽의 위치는 약간씩 다를 수 있다. 하지만 심한 차이는 건강과 미용에 문제가 생길 수 있다.

유방 비대칭

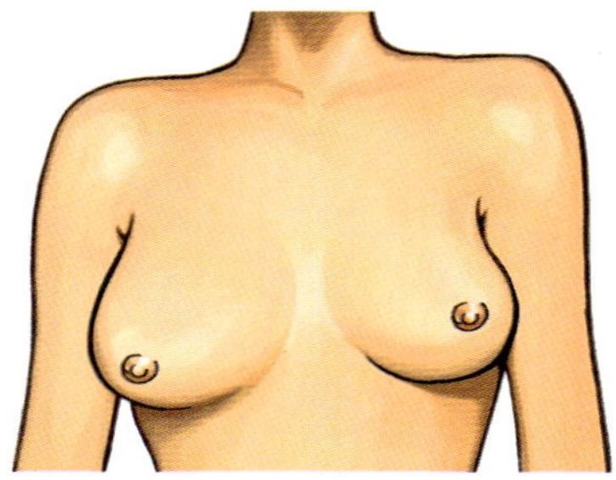

(1) 측만증

측만증으로 유방의 위치가 달라질 수 있다. 측만증이 되면 척추가 휘고 또 늑골의 변형이 생길 수 있다. 이 때문에 유방의 발육도 달라질 수 있다. 그래서 크기 및 위치가 달라질 수 있다.

(2) 새가슴

새가슴은 흉골과 늑골의 변형으로 생긴 것이다. 그래서 유방의 위치나 발육에 문제가 발생할 수 있다.

(3) 오목가슴

흉골이 안쪽으로 홈이 파인 것으로 늑골과 함께 영향을 받아 유방의 위치나 발육에 문제가 될 수 있다.

(4) 영양불균형

편식과 결식으로 영양이 결핍되어 골격과 근육에 문제가 될 수 있다. 이 영향으로 유방의 위치와 발육에 문제가 될 수 있다.

(5) 수술

수술을 할 때 보형물의 위치가 다르게 들어 갈 수 있다.

(6) 잘못된 운동

운동을 할 때 양쪽을 균형을 맞추어 해야 하는데 균형이 안 맞는 상태에서 하면 척추가 휘어 늑골의 변화로 가슴의 위치, 크기가 변할 수 있다.

(7) 잘못된 체형관리

체형관리에서는 체형분석과 상황에 따른 방법의 선택이 중요 한데 잘못된 체형분석과 잘 못된 방법을 선택하였을 때 가슴의 크기와 위치가 달라질 수 있다.

4) 유방의 비대칭이 인체에 미치는 영향

(1) 유방암을 의심 할 수 있다

전에는 양쪽 균형이 맞았는데 어느날부터 달라지기 시작했다면 의심해 볼 수 있다.

(2) 영양불균형을 의심 할 수 있다.

영양불균형으로 발육의 문제가 될 수 있다.

5) 유방 비대칭이 미용에 미치는 영향

- ♠ 가슴의 크기와 위치가 다르다면 브래지어를 했을 때 한쪽은 딱 맞고 한쪽은 헐거워질 수 있다.
- ♠ 크기와 위치가 다르기 때문에 비키니 수영복을 입는 것은 힘들 수 있다.
- ♠ 크기와 위치가 다르면 타인에게 노출 상황이 꺼려진다.

6) 유방이 비대칭 된 사람이 하면 안되는 자세

- ♠ 한쪽으로 기울여 앉는다.
- ♠ 한쪽으로 무거운 가방을 든다.

♠ 무거운 중량 운동할 때 양쪽 균형이 안맞은 상태에서 한다.

♠ 잠을 잘때 업드려 잔다.

♠ 편식 또는 인스턴트 음식을 자주 섭취하여 영양 불균형이 된다.

7) 유방이 비대 된 사람이 하면 좋은 운동

(1) 팔굽혀 펴기

양쪽에 체중이 균등하게 올라가 있는 상태로 되기 때문에 가슴 근육 발달과 균형을 잡아 주는데 도움이 된다.

(2) 팔 돌려 주기

양쪽이 똑같은 범위, 똑같은 각도에서 하기 때문에 가슴 비대칭이 된 사람들에게 도움이 된다.

(3) 철봉에 매달리기

양쪽에 똑같이 스트레칭이 되기 때문에 가슴 비대칭이 된 사람들에게 도움이 된다.

13. 비만

body shape management

1. 비만(Obesity)의 정의

비만이란 과체중을 의미하는 것이 아니라 체내에 지방이 과잉 축적된 상태를 말한다. 즉, 섭취 칼로리보다 소비 칼로리가 초과되어 중성지방의 형태로 지방조직에 과잉 축적된 상태로 지방세포의 수가 증가 하거나 크기가 커져 피하층과 체조직에 과잉 축적된 상태라 정의할 수 있다. 비만의 진단은 과체중으로 판단하는 것이 아니라 체중에서 체지방이 차지하는 비율이 높은 것을 의미하므로 단순히 체중이 많이 나간다 해서 비만으로 진단하는 것은 옳지 않다.

근육의 발달이나 뼈의 중량으로도 과체중이 발생할 수 있으며 외견상 말라 보여도 지방이 많이 축적되어 있고 근육량이 적다면 비만일 가능성이 있다. 그러므로 비만은 체지방의 정확한 측정으로 가능하며 과체중과는 구별되어야 한다. 일반적으로 남자의 경우 체지방량이 체중의 15 ~ 20% 이상, 여자의 경우 20 ~ 25% 이상인 경우 비만으로 진단하게 된다.

2. 비만의 원인

1) 유전적요인

비만의 유전적 영향에 관한 보고에 의하면 부모가 정상 체중인 경우에 아이가 비만이 될 확률은 10%이고 한쪽 부모가 비만일 경우에는 40%, 양쪽 부모가 모두 비만일 경우에는 80%의 가능성이 있는 것으로 보고 되었다. 이것은 단순히 유전성만을 나타내는 것이 아니라 그 가정의 환경적 요인 즉, 식생활과 생활패턴 등이 상호 작용한 결과라고 이해할 수 있다.

2) 내분비계 이상

우리몸의 대사과정에서 중요한 역할을 하는 내분비계의 호르몬 이상으로 인하여 기초대사량의 저하를 일으켜 같은 열량을 섭취하더라도 에너지를 소비하지 못하여 비만을 야기할 수 있다. 갑상선 기능 저하증일 경우 기초대사량이 감소하여 체내의 대사 산물을 촉진시켜 비만을 초래할 수 있으며 폐경일 경우 에스트로겐의 감소로 인하여 피하지방 합성이 촉진되어 비만을 초래하기도 한다. 또한 '쿠싱증후군'이라는 질환에는 과량의 부신피질 호르몬의 분비로 인해 몸의 몸통부위에는 지방축적을 일으키나 팔, 다리의 단백질은 빠져나가 가늘어지는 특징적인 모습을 초래한다. 또한 만복중추 식욕중추의 이상으로 인하여 비만을 야기 하는 것으로 연구되어지고 있다.

3) 운동 부족

활동량이 적은 사람이 비만이 될 가능성이 높은데 섭취하는 열량에 비하여 소비하는 열량이 적으므로 남아도는 열량이 체지방으로 축적되기 때문이며, 다른 하나는 적절한 운동이 있을 때만이 우리의 몸은 열량 섭취와 소비의 평형을 이룰 수 있다. 또한 운동시 성장 호르몬과 에피네프린, 노르에피네프린 등의 호르몬이 분비되는데 이와 같은 호르몬 분비를 촉진시켜 지방대사와 기초대사량을 15~20%정도 높일 수 있다. 또한 상대적으로 근육량이 높은 사람의 경우 열에너지 발생이 많아지고 기초대사량이 높아져서 운동이 비만을 예방하는데 효과가 있다.

4) 식사습관

(1) 과식

여러 심리적 요인과 스트레스로 인하여 욕구 분출의 잘못된 방식으로도 과식을 유발시킨다. 소비하는 열량보다 다량의 열량을 섭취하게 되면 잉여 열량은 체내에서 지방의 형태로 축적된다. 특히 많은 양의 탄수화물 섭취는 혈당을 낮추려는 인슐린의 분비를 촉진하게 된다. 이는 곧 지방의 합성, 저장을 증진시키는 결과를 초래하며 혈당치를 일정하게 유지하는 발란스를 무너트리게 되어 포만중추의 작용을 교란시키게 된다. 정상인에게서 혈당치가 120mg/이므로 포만감을 느껴 렙틴의 작용을 활성화시키는데 비만한 사람의 경우 포만감을 일으키는 혈당치가 보다 상승하여 혈중 렙틴의 농도가 증가한다.

(2) 폭식

하루에 두 세 차례에 걸쳐 폭식하는 것이 같은 양이라도 5~6번에 나누어 식사를 할 때보다 더욱 비대해지는 결과를 가져온다. 이는 음식물 섭취 시 열이 되어 발생되는데 하루 소비 에너지량의 약 10%이다. 그러므로 여러번 나누어 음식물을 섭취 시 식이 유발성 체열(Diet-induced thermogenesis : DIT)을 높일 수 있기 때문이다. 이는 천천히 꼭꼭 씹어서 먹는 것과도 상호 작용하는데 입에서 음식을 씹는 동안에 자율신경계가 자극되어 에너지 대사가 촉진되며, 체온상승도 유발한다. 이러한 DIT 작용을 높일 수 있는 방법은 빨리 먹을 때보다 천천히 먹을 때 또한 음식을 식힌 상태보다 뜨거운 상태로 먹는 것이 좋다. 음식으로는 무, 양파, 부추, 당근, 고추, 마늘, 대파 등이 있다.

(3) 식사 속도

식사의 속도와 씹는 횟수로도 비만과 연결지을 수 있는데 이것은 음식 섭취 후 혈당이 올라가고 혈당이 올라 가는 신호에 따라서 포만중추가 작용하여 식사를 마치게 된다. 그러나 식사 속도가 빠른 경우 소화의 속도는 느리게 된다. 이에 따라 뇌에서 포만 중추의 명령이 느려지게 되어 포만감을 느끼는 속도도 저하된다. 그러므로 음식물의 섭취가 계속되어 과식을 유발시키며 이것은 비만과 연결된다.

(4) 간식과 야식

간식류는 대부분 단순 당류들로 지방으로 전환되기 쉬운것들이 대부분을 차지함으로 지방으로 축적되기 쉽기 때문에 비만의 요인이 된다. 야식 또한 비만의 원인이 되는데 우리 몸의 자율신경 중 밤에는 부교감 신경이 활성화됨으로 에너지 대부분이 체지방으로 전환되기 쉽고 대사과정에도 악영향을 미치므로 소화계와 비만에 모두 좋지 않은 영향을 미친다.

(5) 잘못된 식습관

일반적으로 다이어트를 생각하는 사람들은 금식이나 끼니는 거르거나 한가지 음식으로 균형잡히지 않은 식단을 선택하는 경우가 있다. 이런 경우 건강에도 악영향을 미치거나 오래 가지 못하고 체중이 다이어트를 하기 전보다 더욱더 불어나는 요요현상을 유발시킨다.

이는 금식 초기에는 수분이나 저장 당질이 우선적으로 빠져나가 체중의 감소로 나타나지만 시간이 지남에 따라 체지방뿐아니라 근육의 감소가 나타나며 우리 몸의 자연적 보호작용으로 에너지 대사를 저하시키고 식욕을 촉진시키게 되며 금식의 영향으로 지방을 더욱더 저장시키려는 욕구가 강해진다. 일시적으로 감소된 체중은 다시 본래대로 돌아가며 요요현상을 유발하는 것이다. 이런 요요현상을 체험하며 더욱더 과격한 다이어트를 하고 수분과 근력은 빠져 버리고 체지방은 증가하게 된다. 그러므로 균형잡힌 식생활과 적당한 운동을 병행하며 장시간의 계획을 잡아 다이어트를 하는 것이 효과적이다.

(6) 심리적 요인

스트레스, 우울증과 같은 심리적 불안으로 인하여 자율신경계의 원활한 작용을 저하시키고 식욕을 증가시키는 코티솔분비를 촉진시켜 섭식 행동의 이상과 욕구불만을 초래하여 외부의 충동에 약해지며 자제력을 상실하게 되고 잘못된 욕구불만의 해소로 과식과 폭식, 야식 등의 잘못된 식생활이 반복되며 비만을 초래한다.

3. 비만의 분류

1) 원인에 따른 분류

(1) 단순성 비만(=본태성 비만)

특별한 유전성 질환, 내분비 질환, 심리적 이상없이 과식과 운동부족에 의하며 비만인의 대부분(95%)이 이에 해당한다.

(2) 증후성 비만

원인 질환에 의해 비만이 발생된 경우로 5% 정도로 빈도는 매우 적으나 비만인 사람을 진료하는 경우 항상 증후성 비만이 아닌가를 염두해야 한다. 왜냐하면 이것은 여러가지 내분비 질환의 출현 증상이 비만증이기 때문이며, 원인 질환의 치료로 비만증의 조절이 가능하기 때문이다. 내분비 질환 이외에 증후성 비만을 일으키는 경우는 유전성 비만, 시상하부성 비만, 전두엽성 비만, 대사성 질환에 의한 비만, 약물에 의한 비만을 들 수 있다.

2) 지방세포조직의 형태에 의한 분류

지방조직의 세포수와 세포크기에 의한 분류이며 지방세포의 증식능력과 비만의 발생시기와 관계가 있다.

(1) 지방세포 증식형

지방세포의 크기는 정상이며 세포수의 증가에 의한 비만이다. 정상인에서도 임신 후기, 생후 1년과 사춘기에 지방세포의 증식이 있다. 어린 나이에 시작되는 비만에서 흔하기 때문에 유아기형 비만이라고도 한다. 정상인에 비해 지방세포의 수가 4~5배이며, 지방세포의 분포는 전신에 분포되어 있다. 한번 증식된 지방세포의 수는 감소시킬 수 없기 때문에 이런 증식형 비만은 성인 비만으로 이어질 가능성이 높다.

〈 정상인과 비만인의 세포수와 세포크기 비교 〉

	세포크기(㎍지방/세포)	총세포수(x10^9)
정상체중	0.66± 0.06	26± 6.8
유아비만	0.90± 0.05	85± 6.9
성인비만	0.98± 0.14	62± 4.2
감량비만	0.45± 0.05	62± 5.3

(2) 지방세포 비대형

지방세포수의 증가보다는 크기의 증가에 의한 비만으로 대사 이상에서 오는 경우가 많으며 성인에서 발생하는 비만의 대부분에서 볼 수 있는 형태이다.

식이요법이나 운동요법으로 체중감량의 효과가 유아 비만인 경우보다 높다고 볼 수 있다. 그러나 체중조절의 노력을 소홀히 하게 되면 줄어든 세포에 다시 지방이 채워질 가능성이 있기 때문에 일단 체중이 감소되었다 하더라도 항상 주의할 필요가 있다.

(3) 혼합형

지방세포의 크기와 세포 증가가 같이 있는 형태이며 유아 비만이 성인 후에도 이어져 고도 비만에서 흔히 볼 수 있다. 지방 세포 수 증가가 강한 경우 체중감소 요법으로는 큰 효과가 없다.

3) 지방조직의 체내분포에 의한 분류

체지방의 분포에 따라 비만의 합병증 발생 양상이 다르므로 체내 지방 분포에 따라 비만을 분류하고 있다. 이러한 분류에 피하지방 두께측정에 의한 체형평가가 이용되며, 최근에는 복부의 컴퓨터 단층촬영(CT)에 의해 지방층의 직접 측정법도 시도되고 있다.

(1) 상체 비만과 하체 비만

상체 비만형(=복부 비만=사과형 비만=안드로이드형 비만=남성형 비만)

허리 위쪽, 복부중심으로 비만해 지며 주로 남성에게 흔한 비만형으로 성인병 발병과 관련이 높다. 여성인 경우는 폐경 이후에 나타난다.

하체 비만형(=둔부형 비만=서양배형 비만=지노이드형 비만=여성형 비만)

허리 아래쪽 엉덩이나 다리에 지방 축적되며 주로 여성에게 흔한 비만형으로 하체 정체와 부종 순환문제를 일으키며 셀룰라이트가 많이 형성된다.

이와 같이 남성과 여성에 있어 지방의 축적부위가 다른 것은 유전적 요인, 호르몬 분비의 차이에서 온다. 또한 여성들의 하체 비만의 원인은 임신, 수유에 필요한 에너지를 피하지방의 형태로 저장하기 때문이다.

(2) 전체 비만(원통형 비만)

복부 둔부 전체가 비대한 경우로 몸전체가 원통형처럼 보이며 BMI 지수가 매우 높다.

체중 조절시 특별한 치료와 관리가 필요하다.

4. 비만의 진단과 측정법

일반적으로 비만이란 평균체중을 20~30%를 초과한 경우를 말하며 비만은 체지방이 증가된 상태이며 근육이 발달된 과체중과는 구별되어야 한다. 사람의 체중에서 60~65%는 수분이며 남자는 약 15%, 여자는 약 25%가 지방으로 구성되어 있다.

1) 표준체중 계산법

신장과 체중의 관계를 분석하여 비만도를 측정하는 방법으로 일반인들도 쉽게 계산할 수 있다.

① 표준체중(kg)=〔신장-100×0.9〕

② 비만도(%)〔실제체중(kg)/표준체중(kg)×100〕

- 비만도 85% 이하 : 저체중
- 비만도 85~105% : 정상 체중
- 비만도 106~115% : 과체중

- 비만도 116~135% : 약한 비만
- 비만도 135% 이상 : 심한 비만

2) 신체질량지수 계산법(Bady mass index, BMI)

과체중과 비만을 판단하는데 연령, 성별에 관계없이 가장 널리 사용되는 지표로써 체중(kg)을 신장(m)의 제곱으로 나누어 계산하는 방법이다.

BMI= 체중(kg)/신장(m)^2

-18.5 미만 저체중

-18.5~22.9 정상

-23.0~24.9 과체중

-25 이상 비만

-30이상 고도비만

3) 허리둘레 대 엉덩이 둘레 측정법(Waist-Hip Ratio, WHR)

복부 비만을 측정하는데 유용한 지표로 남자는 평균 1.0 이상, 여자는 평균 0.8 이상일때 복부비만으로 성인병 및 심혈관계 질병의 발생률이 높아진다.

WHR= 허리둘레(Waist)/ 엉덩이 둘레(Hip)

4) 피하지방두께 측정법

캘리퍼(caliper), 또는 줄자를 이용하여 일정한 부위의 체지방 두께를 측정한다. 비만의 판정은 상완부와 견갑골 하부 피하지방 두께를 더하여 남자에서는 45mm 이상을 그리고 여자에서 60mm 이상을 비만으로 정의한다. 캘리퍼에 의한 피부비장 측정법은 피부의 신장도에 영향을 받으며 측정의 숙련도에 따라 오차가 있을 수 있다. 최근에는 초음파를 이용한 측정기가 개발되어 있다. 체지방량은 연령이 증가함에 따라 증가되나 피부지방 두께는 일정하여 총지방을 피하지방 측정만으로 평가하기에는 제한이 있으며 중증 비만은 측정이 불가능한 단점이 있다.

5) 체밀도 측정법

전신 골밀도 측정을 위해 개발된 이중 에너지 X선 흡수미터기(dual energy X-ray absorptinmeter)는 인체총지방을 직접 측정할 수 있다. 지방 조직과 다른 조직에서 에너지 흡수비율 차이를 이용하는 방법이며, 전신과 신체 각 부위의 지방량을 간편하고 정확하게 측정한다. 지방량을 직접 측정하는 다른 방법과 상관관계가 높으며, 쉽게 측정할 수 있어 임상적으로 많이 이용된다.

6) 생체전기 저항 분석법(Bioelectric impedance analysis : BIA)

최근에 가장 많이 이용하는 방법으로 전극을 손과 발에 부착하고 미세한 전류를 통과시켜 내부에 함유하고 있는 수분과 전해질에 의해 약한 전류가 흐르는 원리를 이용한 것이다.

지방조직은 전류가 흐르지 않지만 그 외 조직은 수분과 전해질을 포함하고 있으므로 전류가 흐르는 작용으로 지방조직을 간편하게 측정할 수 있다. 그러나 탈수상태나 체내 과다한 수분을 보유하고 있을 시 정확도가 떨어지는 단점이 있다.

5. 비만 예방법

1) 식사요법

- ♠ 열량은 줄이되 건강을 해치지 않는 안전한 수준이어야 한다.
- ♠ 식품을 골고루 섭취하여 영양부족이 되지 않도록 한다.
- ♠ 꾸준히 식사조절을 한다.
- ♠ 식품을 선택하는데 있어 가격이 저렴하여야 한다.
- ♠ 외식을 삼가한다.

2) 체중조절을 위한 식생활 지침

- ♠ 열량 섭취량과 운동량은 적절해야 한다.
- ♠ 하루에 3끼 소식하는 식사습관을 갖는다.

- ♠ 매끼마다 균형잡힌 식사를 한다.
- ♠ 탄수화물을 줄이고 다양한 채소를 섭취한다.
- ♠ 신선하고 위생적이며 가공지 않은 음식을 고른다. → 비타민, 무기질, 섬유소 풍부
- ♠ 비타민과 무기질, 섬유소, 물 등이 풍부한 식품을 선택한다. → 신선한 과일, 채소, 정제하지 않은 곡식, 감자, 고구마, 옥수수, 콩, 메밀묵, 도토리묵 자주 이용
- ♠ 지방분이 많은 음식을 조금만 선택한다. → 튀김, 버터, 마요네즈, 스낵, 패스트푸드, 인스턴트 식품, 고지방 육류 등은 지방이 많아 열량 높음
- ♠ 포화지방산보다는 불포화지방산을 섭취한다. → 동물성 지방보다는 식물성 지방 섭취
- ♠ 당분, 염분, 카페인(커피 2잔 이상), 알코올 섭취를 줄인다.
- ♠ 물을 많이 마신다.
- ♠ 편안한 환경에서 여유있게 식사를 즐긴다.
- ♠ 스트레스를 음식이나 술을 통해서가 아닌 다른 방법으로 해소한다.
- ♠ 씹었을 때 소리나는 음식 즉, 사과, 샐러드, 채소 등을 선택한다. → 만족감
- ♠ 고열량 식품이나 empty-calorie foods의 섭취를 줄인다. → 열량만 있고 다른 영양소가 없는 식품으로 사탕, 청량음료, 술, 버터, 마가린, 잼, 초콜릿 등

3) 체중조절 시 영양소의 배분

(1) 열량

체중을 줄이기 위한 저열량식은 하루 활동에 필요한 열량보다 적은 열량의 식사를 함으로써 체내에 축적된 지방의 양을 감소시키고 체중을 줄이는데 목적을 둔다. 이렇게 하려면 일주일에 0.5~1kg 정도가 적당하다. 만약 단식 등으로 너무 급격하게 무리해서 체중을 줄이게 되면 지방뿐 아니라 근육까지 소모되므로 하루 500~600kcal의 열량을 제한하여 일주일에 0.5kg 정도의 체중감소가 바람직하다.

또한 일상생활을 하면서 무리 없이 체중감소를 실천하려면 하루에 1200~1800kcal의 식이요법을 권할 만하다. 남성은 1500~1800kcal, 여성은 1200~1500kcal로 잡는다. 이 정도의 식사를 하면 하루에 약 500kcal의 열량부족 상태가 생겨나 1개월 간 꾸준히 실천하면 1~2kg의 감량을 할 수 있다.

(2) 단백질

단백질은 신체조직을 구성해 주는 필수영양소이다. 특히 열량을 제한할 때 단백질의 섭취량이 줄어들기 쉽고, 단백질의 이용 효율이 떨어지기 때문에 오히려 충분히 공급해 주어야 한다. 체중 kg당 1~1.5g의 단백질을 섭취하는 것이 바람직하다.

(3) 지방

지방은 열량가가 높아 식사에 지방을 완전히 뺀 무지방식이 체중 감량에 도움이 된다고 주장하는 사람도 있으나 지방은 공복감을 늦게 오게 하고 지용성 비타민의 이용과 필수 지방산을 공급하기 때문에 중요하다. 그러므로 1일 약 30g, 2큰술 정도는 오히려 바람직하다.

(4) 당질

적당량의 당질은 체중감량 시 근육의 소모를 방지하므로 섭취열량의 50~60%를 당질에서 공급하는 것이 좋다. 만약 당질을 하루에 100g 이하로 줄이면 혈액 속에 케톤체라는 물질이 증가하여 몸이 쉽게 피로해지고, 눈앞에 현기증이 일어나는 기립성 저혈압, 구취 등의 증세가 나타나므로 적어도 하루 100g 이상은 먹어야 한다.

그러나 농축된 당질, 즉 꿀이나 설탕류는 피한다. 당분을 많이 섭취하면 지방생성이 빠르게 일어나서 체내 지방이 축적되기 쉬우며, 당분섭취로 인해 인슐린의 필요가 늘고 췌장에 부담을 주게 되므로 당뇨병에 걸리기 쉽다.

(5) 무기질과 비타민

식단계획에 있어서 총열량 제한이 되면 음식섭취가 줄어들기 때문에 무기질과 비타민의 공급이 저하되기 쉽다. 생체 내 대사는 효소에 의해서 일어나는데, 무기질이나 비타민의 결핍은 생체 내 효소의 활동을 저하시켜 건강에 치명적이 될 수 있다. 따라서 식품으로 충분한 양의 무기질과 비타민의 공급이 안될 때에는 비타민제로 보충한다. 보통 1200kcal 이하 열량 섭취시는 비타민제 보충이 필요하다.

(6) 물

다이어트 시 음식의 제한으로 케톤체가 많이 생기면 케톤체의 배설을 위해 많은 양의 물 섭취가 필요하다. 1일 1ℓ 이상 섭취할 것을 권장한다.

4) 식품선택과 식단계획

식품을 선택하는데 있어서 지나치게 열량을 내는 것은 피해야 한다. 또한 저열량식을 하는 동안 자칫하면 중요한 영양소가 부족하게 되기 쉽기 때문에 다양한 식품을 섭취하여 여러 영양소를 골고루 얻는 것이 중요하다.

(1) 주식

섬유질이 많은 무, 보리, 채소, 버섯, 콩류 등과 함께 밥을 지으면 부피가 많아지며 지방분을 제거하는 조리법에 의한 국밥이나 죽, 국수 등은 수분이 많기 때문에 부피가 커져서 만복감이 빨리 온다. 그러나 중국식 국수요리는 다량의 지방을 사용하므로 한식 국수요리보다 열량이 높다.

또한 라면, 떡국을 먹을 때는 영양의 균형이 잡히도록 단백질, 무기질이 함유된 식품을 곁들인다. 정제된 곡류보다 전곡류가 영양적인 면에서나 섬유소가 많다는 점에서 유리하며, 잡곡밥을 먹는 것이 좋다.

(2) 국

수분이 많은 요리는 일시적으로 만복감을 준다. 채소류를 재료로한 국은 저열량식으로 바람직하며 기름이 많이 포함된 국물(설렁탕, 곰탕, 갈비탕 등)은 먹지 않는다.

(3) 채소 및 해조류

채소류는 열량도 많지 않고 섬유질, 수분이 많으며 저열량식에 많이 이용된다. 나물 또는 생채로 기름을 많이 사용하지 않는 방법으로 조리하며 샐러드를 먹을 때는 마요네즈가 포함된 고열량 소스보다는 우스터 소스나 초간장이 좋다.

해조류는 다당류에 속하는 헤미셀룰로오스 성분이 많으며 갈락탄은 수분을 많이 흡수시키는 성질로 부피가 많아 만복감을 준다. 부피에 비해 흡수율도 낮고 저열량 식품인 동시에 무기질도 많아 비만한 사람의 식사에 유리하다. 또한 다이어트 시 빈번히 문제가 되는 변비도 예방되므로 하루 20~30g 이상 섭취하는 것이 좋다.

(4) 어육류

단백질의 주된 공급원으로 고기류는 기름을 제거하고, 닭고기류는 껍질을 벗긴 후 조리한다. 어육류 대신 식물성인 콩류를 많이 섭취하는 것이 좋다.

(5) 음식 맛내기와 조미료

자극성이 강한 음식은 식욕을 유발하므로 음식은 담백하게 조리하며 자반, 젓갈 등의 저장 식품은 많이 먹지 않는다. 마늘장아찌, 단무지, 피클 등은 상당량의 설탕이 들어가 있으므로 열량을 무시하지 못한다. 설탕이 필요할 때는 식초, 레몬, 겨자, 계피, 생강과 같은 향신료로 대신한다.

(6) 과일류

가능한 신선한 것을 선택하며 통조림 식품은 진한 시럽으로 가공되므로 열량을 경계해야 하고, 과일 자체의 당질 성분도 유의한다.

당질과 지방은 열량의 근원으로 과잉섭취 시 살이 찌는 원인이 되는데, 바나나는 과일 중 탄수화물 함량이 가장 높으며 1개가 100kcal의 열량을 내므로 피한다.

(7) 음료

청량음료, 커피, 차 등의 음료를 빈번하게 마시는 경우 눈에 보이지 않는 열량이 상당량 섭취될 뿐 아니라 설탕의 과잉섭취를 초래한다. 대신에 칼슘은 많고 지방은 낮춘 탈지유로 만든 우유 음료는 매일 마시는 것이 바람직하다. 자연과즙으로 만든 각종 쥬스 등도 좋다. 설탕을 안넣고도 마시기 좋은 보리차, 옥수수차, 구기자차, 녹차 등은 저열량식으로 좋다.

술은 알코올(1g당 7kcal로 지방과 비슷) 성분이 들어 있어 열량이 높은 식품으로 비만의 원인이 된다. 물은 식전에 충분이 마셔두면 좋다.

그러나 식사를 하는 도중에 마시면 음식물을 빨리 내려가게 하므로 도움이 되지 않는다.

(8) 과자 및 빙과류

대부분 당분과 지방분이 많으므로 피한다.

다이어트시 피해야 할 식품 : 인스턴트 식품, 지방산이 많이 함유된 식품, 콜레스테롤이 많이 함유된 식품, 설탕이 많이 함유된 식품, 소금이 많이 함유된 식품, 카페인.알코올이 많이 함유된 식품, 튀김 음식

다이어트시 바람직한 식품 : 순살코기, 생선, 달걀, 두유, 두부, 탈지분유로 만든 요구르트, 식이섬유가 함유된 식품, 신선한 채소, 신선한 과일

5) 식사요법의 종류

가장 중요한 것은 먹은 열량이 소비한 열량보다 적어야 체중이 감량된다는 것이다.

(1) 초저열량 식사요법

초저열량식은 하루 800kcal 이하로 섭취하는 것인데, 일반적으로 시중에서 사용하는 여러 다이어트 방법이 이에 속한다. 예를 들어 효소단식, 포도 다이어트 같은 원푸드 다이어트 등은 체중을 일시적으로 빨리 줄일 수 있는 방법이지만 치명적인 부작용이 많기 때문에 철저한 관찰이 필요하다. 특히 이 방법은 비만 환자에게 거식증 및 폭식증의 원인이 될 수 있고 요요현상을 일으킬 수 있다. 따라서 2주 이상 지속하면 위험하며, 철저한 관찰하에서도 12~15주 이상은 시행해서는 안된다.

(2) 열량제한식사

균형잡힌 열량 제한 식사는 1일 1200~1500kcal를 섭취하는 것으로, 비만인을 위한 가장 안전하고 균형잡힌 열량제한식이다. 균형잡힌 열량 제한식이는 식품교환표를 이용하여 식이처방을 쉽게 할 수 있으며 전문가들에 의해 가장 많이 사용되고 있다.

하루 약 1200kcal 정도의 열량을 공급하는 식이를 말하며 성인이 1일 소비하는 열량은 성별, 노동의 경중, 체중 등에 따라 차이가 있다. 보통 성인 여자의 경우 2000kcal 정도가 하루 필요한 열량인데 이 중 운동을 하지 않고 가만히 있을 경우에도 1200kcal 정도의 기초대사량이 필요하다. 여기에 활동량이 많아 섭취열량보다 소비열량(기초대사량+활동량)이 많아지면 적은 양이라도 꾸준히 체중감량 효과가 나타난다.

체중감량을 위해 식사를 줄이면 초기 1~2주까지는 대단한 강한 공복감을 느끼다가 어느 정도 지나면 익숙해져서 서서히 공복감을 극복하게 된다.

그러나 3개월 정도가 지나면 체중의 하락폭이 그다지 눈에 띄지 않는데, 이같은 현상은 신체가 열량감소에 대해 어느 정도 적응현상을 일으키기 때문이다. 흔히 식사요법에 실패하는 많은 사람이 이 시점에서 포기 해버린다고 한다. 조금만 참고 식사요법을 지속한다면 효과는 반드시 나타난다. 그러므로 체중감량 초기에는 하루 필요열량의 20% 감량으로 체중을 줄이고 다음 단계로 40~50%의 열량을 감한다. 가능한 한 1000kcal 이하의 저 열량식은 피하도록 하며 그 이하의 저 열량식은 전문의의 지시에 따라야 한다.

6) 저 열량 식단 조리법

같은 식품이라 하더라도 요리할 때 첨가되는 기름이나 각종 양념의 종류에 따라 그 음식의 열량은 몇 배의 차이가 나기도 하므로 조리법을 잘 선택해야만 영양은 풍부하고 열량은 줄이는 식사를 할 수 있다.

① 면과 밥 등 일품요리는 채소나 해조류 등의 부재료를 많이 넣어 부피와 영양은 높이고 열량은 줄인다.
② 담백하게 조리한다.
③ 고기는 지방이 적은 부위를 사용한다.
④ 기름은 되도록 적게 사용한다.
⑤ 찌기, 굽기, 끓이기, 무치기를 적극 활용하자.
⑥ 소스에도 열량이 있음을 잊지 말자.

6. 비만 해결을 위한 운동요법

1) 운동요법의 이점

① 소비열량이 늘어나 체중감소 효과가 있다.
② 근육량을 늘려 기초대사량이 늘어나 다시 살이 찌는 것을 막아 준다.
③ 심폐기능이 단련되어 숨이 차지 않고 운동능력이 증가한다.
④ HDL-콜레스테롤이 증가하여 동맥경화증을 예방해 준다.
⑤ 혈당이 높은 사람은 정상적인 혈당조절을 돕는다.
⑥ 스트레스를 해소시켜 심리적인 안정감을 높여 주어 과식을 막을 수 있다.
⑦ 산소공급이 원활하게 되어 작은 운동에 힘이 들거나 숨이 차지 않는다.

2) 운동요법시 고려사항

① 자신의 운동능력을 고려한다.
② 비만증에는 유산소성 운동이 좋다.
③ 운동강도는 낮게, 운동시간은 길게 한다.
④ 운동은 천천히 단계별로 한다.
⑤ 적당한 운동 시간을 정한다.
⑥ 운동 교환표를 활용한다.

운동 종류	체중 50kg	체중 60kg	체중 70kg
산책	22	26	30
천천히 자전거타기	31	37	43
골프(필드)	34	41	48
골프(연습장)	31	37	44
스트레칭체조	21	25	29
춤추기	34	41	48
볼링	25	30	35
요가	21	25	29
에어로빅	42	50	59
팔굽혀펴기	35	42	49
계단 오르내리기	48	58	68
빨리 자전거타기	37	44	52
스키	59	70	82
탁구	50	60	70
테니스	59	70	82
배드민턴	59	70	82
배구	59	70	82
수영(자유형)	145	175	204
수영(접영)	184	220	258
조깅(천천히)	79	94	110
농구	67	80	93
윗몸일으키기	72	86	101
줄넘기	75	89	104

⑦ 평소의 활동도 운동으로 생각한다.

⑧ 운동 진행표를 만들어 확실한 시간과 장소를 정한다.

⑨ 운동요법은 식사요법과 조화가 필요하다.

4) 운동 프로그램

① 1단계 : 준비운동 → 스트레칭, 체조

② 2단계 : 근력증진운동 → 기초대사 활성화와 요요현상 억제

③ 3단계 : 유산소 운동 → 빠르게 걷기, 조깅, 수영, 자전거타기, 노젓기, 에어 로빅, 게임성이 있는 테니스, 배드민턴, 축구, 야구, 배구, 농구

④ 4단계 : 정리운동 → 근육의 뭉침 방지(5~10분), 혈액순환의 안정화

7. 비만습관에 대한 행동수정 요법

체중감량의 성공률(감량한 체중이 5년 이상 유지하여야 성공했다고 봄)은 약 5% 정도밖에 되지 않는다고 한다. 성공적인 비만의 치료를 위해서는 비만인의 생활방식의 분석이 먼저 이루어져야 하고 이러한 분석을 토대로 식사 및 운동 습관을 변화시켜 장기간 체중조절을 확실히 하는 것이 성공률을 높이는 지름길이다. 행동치료는 크게 3단계로 나누어진다.

1) 1단계

불량한 섭취습관을 초래하는 요인을 찾아내기 위해 자기감시 단계로 시작한다. 비만인은 먹는 음식의 종류, 양, 장소, 시간, 자세, 감정상태 등에 대한 일기를 계속 적어야 한다. 이러한 기록으로부터 비만인과 건강전문인은 과식을 초래하는 문제장소, 시간, 감정상태 등을 찾아낼 수 있다.

2) 2단계

과식을 피하기 위한 자극조절을 하게 된다. 가장 단순한 것들 중에는 한 방에서만

먹을 것, 혹은 먹는 동안 TV를 보지 말 것, 정해진 숫자만큼 씹거나 음식을 한입 먹을 때마다 물잔을 들도록 하는 것 등이 있다.

3) 3단계

비만인이 바람직한 행동을 한 경우 보상을 주는 것이다. 특히 이 경우에는 배우자의 격려가 큰 도움이 된다. 행동치료만 사용한 경우는 다른 치료보다 체중 감소율이 더 높지는 않았다고 한다. 그러나 행동치료의 중도 포기율은 20% 미만이고, 감소된 체중을 장기간 유지하는 데에는 행동치료를 사용한 체중감소 프로그램의 결과가 더 좋다.

8. 외과적 요법 및 약물요법

1) 외과적 요법

지방흡입술, 전기지방분해술, 초음파 지방분해술, 절제술, 위장, 소장수술

2) 약물요법

식욕억제제, 이뇨제, 소화흡수저지제, 에너지 대사를 높임으로써 에너지 소비를 촉진하는 제제(갑상선 호르몬제, 카페인, 에페드린…), 호르몬 투여

3) 기타

다이어트용 식품에 의한 치료, 기계 이용, 심리요법

14. 체형과 키 성장과의 관계

body shape management

키는 자라는 시기를 놓치게 되면 더 이상 성장을 할 수 없다. 키는 성장판이 닫히는 시기로 결정이 된다. 개인적인 차이는 있지만 남성은 17세, 여성은 15세 전후로 성장판이 닫히게 된다. 이 시기를 지나게 되면 사실상 성장은 멈추는 상태로 봐야 한다. 간혹 잠재 성장이라 해서 그 시기를 지나도 더 자라는 사람이 있기는 하지만 전체적인 평균에는 포함시키지 않는다.

성장이 멈춘 성인들이 더 자랄 수 있는 것은 척추가 휘어진 만큼 폈을 때 펴진만큼 가능 하다. 0~3cm 정도 평균적으로 가능하다.

아이들의 성장에 도움을 주려면 5가지의 조건을 갖추는 것이 이상적이다. 음식(영양), 수면, 운동, 체형관리, 바른자세를 유지해줌으로써 성장에 큰 도움을 줄 수 있다.

1) 음식(영양)

살아 있는 생명체는 영양분이 필요하다. 우리 인간 역시 마찬가지이다. 이 영양분은 기본적으로 음식으로부터 얻을 수 있다. 우리 인간의 위는 음식이 위 속에 들어가고 4~5시간 정도면 비워지게 된다. 이것을 계산해서 식사를 하는 것이 좋다. 그리고 인간의 뇌는 규칙적인 것을 좋아한다. 예를 들면 아침 7시에 식사를 하면 점심은 12시 저녁은 5시 정도, 이렇게 매일 같이 규칙적인 식사를 해주면 우리 몸은 매우 좋아 하게 된다. 불규칙적인 식사는 소화 장애를 일으킬 수 있다. 소화 장애가 일어나면 음식물 분해가 안되기 때문에 영양분 흡수 또한 적은 양만 될 것이다. 영양분이 충분하지 않으면 성장할 수 있는 조건에서 멀어지게 된다.

(1) 식사 하는 방법

① 음식은 적은 양을 입에 넣고 오랫동안 입에서 씹는다.(탄수화물 분해 효소인 아밀라제는 입에서만 나온다.)

② 식사 시간은 30분 이상으로 속도는 매우 천천히 한다.(음식이 위 안으로 들어가서 음식이 들어 왔다는 신호를 뇌에 전달하는 시간이 20분 정도 걸린다. 그래서 빨리 폭식을 하게 되면 배부름을 못 느끼기 때문에 과식을 하게 되고 많이 씹지 않은 상태에서 위로 들어가 위에 부담을 주기 때문이다.

③ 밥은 국이나 물에 말아먹지 않는다.(밥이나 국에 말아먹게 되면 수분이 밥알에 들어가서 밥 양이 많이 늘어나게 된다. 그러면 자신은 밥 1공기를 먹었다고 생각 하지만 실제로는 2공기를 먹은 것과 같기 때문이다.

④ 식사시간은 매일 같은 시간에 해야 한다.(우리 뇌는 규칙적인 것을 좋아 한다.)

⑤ 식사시간 간격을 4~5시간을 두고 해야 한다. - 인간의 위는 4~5시간 정도 지나야 비워진다. 이 때 채워져야 위에 무리가 없고 소화에 도움을 주게 되어 영양흡수를 잘 할 수 있게 된다.

⑥ 짜고 매운 자극적인 음식을 피한다. - 한식은 세계에서 가장 영양식이 높은 밥상이다. 그러나 단점이 짜고 매운 것이 있어 위에 자극을 심하게 주거나 칼슘 등 영양소 흡수에 방해를 줄 수 있다는 것이다.

⑦ 밥상은 진수성찬이어야 한다. - 밥상에 반찬이 많아야 골고루 섭취할 수 있다.

2) 수면

성장 호르몬이 제일 많이 분비되는 시간이 밤 10시~새벽 1시 사이이다. 이 때 수면을 취해 주어야 왕성한 호르몬 분비로 인해 성장을 하는데 결정적인 도움을 줄 수 있다.

(1) 수면의 조건

① 주변이 쾌적해야 한다. – 쾌적한 환경이 숙면으로 이어지기 때문이다.

② 침실은 어두어야 한다. – 어두어야 수면 호르몬인 멜라토닌이 분비되기 때문이다.

③ 바닥은 딱딱한 곳이 아닌 메트리스 위에서 자야 한다.– 대한민국은 온돌 문화이다. 그래서 바닥이 항상 뜨끈뜨근해서 기분이 좋아 바닥에서 자는 경우도 있다. 하지만 바닥이 딱딱 하면 눌려지는 압박 때문에 순환 장애가 일어 날 수 있다. 그래서 어느 정도 쿠션을 갖춘 매트리스(두꺼운 이불)가 좋다.

④ 베개선택 – 베개는 너무 높지도 낮지도 않고 너무 물렁거려도 딱딱해도 안좋다. 자신한테 맞는 맞춤형으로 기능성 베개가 좋다.

⑤ 잠자는 시간 – 취침 시간은 오후 10시 이전으로 하고 기상 시간은 오전 6시 이후로 해서 최소한 7시간 이상 수면을 취해주는 것이 성장에 도움을 준다.

⑥ 쪽잠 – 점심 식사 후에 잠깐 조는 것은 매우 바람직하다. 잘 때는 업드려 자지 말고 반듯하게 누워 자도록 한다. 자는 시간은 20분 이내로 하는 것이 좋다. 너무 길게 자면 저녁에 잠을 청할 때 방해될 수 있기 때문이다.

⑦ 불면증 – 불면증은 숙면을 못취하고 선잠 자듯이 자고 잠을 쉽게 못이루는 것을 말한다.

원인

스트레스 – 정신적, 육체적 스트레스는 호르몬의 균형을 깨뜨린다. 그로 인해 불면증이 올 수 있다.

영양 불균형 – 현대인들은 음식은 넘쳐나지만 편식과 결식으로 인해 우리 몸이 필요로 하는 양만큼 필요로 하는 영양분을 공급을 하지 못하고 있다. 특히 하루 종일 햇빛을 못받고 있는 현대의 학생들에게는 비타민D가 많이 부족할 수밖에 없는 것이 현실이다.

(2) 잠이 안올 때는?

① 바나나를 먹는다.(바나나에는 멜나토닌의 함유량이 풍부해서 수면을 유도하는데 도움을 준다.)

② 멜나토닌 영양제를 먹는다 – 멜나토닌은 수면을 유도하는데 도움을 준다. 숙면을 못취하거나 잠을 못이룰 때는 멜나토닌을 섭취해주면 좋다. 하루 수면에 필요한 멜나토닌의 양은 3g이다.

③ 독서를 한다 - 스트레스를 받아 이것저것 생각이 많을 때 독서를 해서 생각으로부터 해방이 되는 것은 수면을 취하는데 도움을 준다.

참고 - 신경이 항상 불안하고 날카로워져 있는 경우가 길면 중금속 오염검사를 해보도록 한다.

3) 운동

성장호르몬이 제일 많이 분비되는 시간이 수면 중일 때와 운동할 때이다. 운동을 하게 되면 관절 끝마디에 있는 성장판이 자극을 받아 성장 호르몬을 분비한다.

운동의 선택

운동은 가벼운 운동이 좋다. 너무 무리한 운동을 하게 되면 성장판이 오히려 다치게 되어 성장을 하는데 방해가 될 수 있다. 추천 운동으로는 걷기, 조깅, 줄넘기, 수영, 체조 등이다.

4) 체형관리

체형관리는 말 그대로 체형을 바르게 해준다는 의미이다. 체형을 바르게 해주는 것은 미용상의 문제뿐 아니라 건강상의 문제도 연결이 되어있다. 즉, 보기도 좋지만 건강관리도 된다는 것이다. 체형관리를 하게 되면 성장 호르몬 분비에 도움을 많이 주게 된다. 그로 인해 성장에 큰 도움을 주게 된다. 단, 전문적인 지식을 갖추고 기술적인 테크닉을 가진 숙련자에게 관리를 맡겨야 할 것이다.

5) 바른자세

자세가 바르지 못하면 압박으로 순환장애가 생기고 성장판에 압박이 가해져서 성장 호르몬 분비에 방해를 받게 된다. 그래서 바른 자세를 유지하는 것은 매우 중요하다 할 수 있다.

(1) 서있는 자세

양발에 체중이 균등하게 분포되도록 서 있는다. 고정되어 서 있는 시간은 30분을 넘기지 않는 것이 좋다. 30분을 넘기면 근육이 스트레스를 받고 관절에 무리가 되어 성장에 방해가 될 수 있다.

(2) 앉아 있는 자세

허리를 꼿꼿히 세우고 등받이에 기대지 말고 앉아 일하는 것이 좋다. 잠시 쉴 때에는 등받이에 허리를 잠시 기대고 등을 쉬어 준다. 이 역시 30분을 넘기지 않는 것이 좋다. 앉아 있는 자체가 척추에 부담을 매우 많이 주기 때문이다. 그리고 앉아 있을때 엉덩이와 허벅지가 압박을 받아 순환장애를 일으킬 수 있기 때문이다. 이로 인해 성장에 방해가 될 수 있다. 그리고 앉아 있는 의자의 쿠션은 약간 있는 것이 좋다. 너무 딱딱하면 압박이 강해 순환장애를 일으킬 수 있고 너무 쿠션이 좋으면 모든 근육이 긴장할 수 있기 때문이다.

한국식으로 바닥에 방석을 깔고 앉는 것은 그다지 추천할 방법은 아닌 것 같다. 좌식으로 앉게 되면 허리는 D자로 목은 일자로 변화가 되고 무릎과 발목에 무리를 많이 주게 된다. 이로 인해 성장에 방해가 될 수 있다.

(3) 잠 자는 자세

업드려 자는 것을 피해야 한다. 업드려 자는 것은 심장을 압박하고 폐를 압박해서 순환과 호흡을 방해할 수 있다. 순환과 호흡에 방해가 되면 자면서 중요한 영양공급과 산소공급이 원할하지 못하고 노폐물 배설 또한 원할하지 못하다는 것이다. 이로 인해 성장에 방해가 될 수 있다.

성인들의 숨은 키 찾기

인간은 두 발로 걷는 동물이다. 그리고 전문화된 일을 하다 보니 같은 자세에서 같은 근육을 반복적으로 사용하게 된다. 이 때문에 양쪽에 균형을 잡아야할 근육이 한쪽은 수축력이 강해지고 한쪽은 늘어나는 현상이 발달되어 척추가 휘어지게 된다. 이것을 바로 잡으면 성인들도 0~3cm 정도 숨은 키를 찾을 수 있다. 숨은 키를 찾는 방법은 체형관리가 제일 바람직하다. 먼저 체형분석을 통해 어느쪽이 기울어져 있고 어느쪽이 늘어나 있나를 찾아보아야 한다. 수축된 곳은 펼쳐주고 늘어나 있는 곳은 강화운동을 해서 척추를 바르게 해준다. 그리고 생활 습관을 파악하여 이들의 흐트러진 자세를 바른 자세로 바꾸어 주도록 한다.

15. 체형의 중요성과 체형 관리시 활용되는 도구들

body shape management

1. 건강이란

세계보건기구(WHO)의 헌장에는 "건강이란 질병이나 단지 허약한 상태가 아닐 뿐만 아니라 육체적·정신적 및 사회적인 완전한 안녕 상태를 말한다."라고 정의되어 있다. 즉, 육체적으로 건강뿐만 아니라 정신적으로나 사회적으로도 안녕 상태를 유지해야 건강하다고 본 것이다.

1) 현대인들의 건강을 위한 3요소

(1) 구조

구조적인 요소로는 뼈, 근육, 신경, 혈관 등을 말하고 있다. 즉, 인간의 몸을 이루고 있는 구조물을 말하고 있는 것이다. 이것을 육체라고 한다.

(2) 화학

음식을 통한 영양소를 말한다. 영양소가 인간의 몸에 들어가서 기능을 조절해 주어야 육체와 정신 건강을 도울 수 있다.

(3) 정신

감정을 통해서 사고가 건전한 방향을 간다면 육체 또한 건강 해지는데 중요한 역할을 할 것이다. 그러나 부정적인 방향으로 간다면 표정 자체도 부정적인 표정으로 변할 것이다.

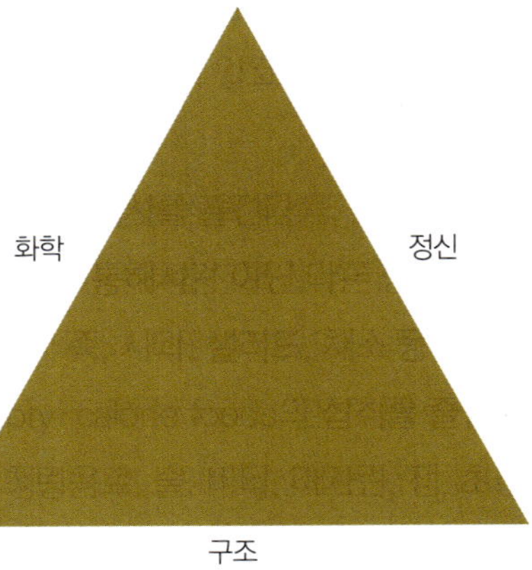

2. 체형관리가 건강에 미치는 영향

인간은 중력에 저항을 하며 두발로 걸으며 생활하고 있다. 매일 같이 24시간을 중력에 저항하려면 많은 근육의 힘이 필요하다. 더구나 산업의 발달로 일은 점점 전문화 되고 있다. 이 얘기는 사용되어진 근육은 반복적으로 같은 자세에서 계속 사용되어 지고 있다는 것이다. 인간의 척추는 똑바로 서 있다. 척추의 많은 근육들과 인대들이 이 자세를 유지하려고 지속적인 힘을 사용하고 있는 것이다. 그런데 같은 자세에서 반복적인 일을 하게 되어 사용되어진 근육이 일을 너무 많이 하게 되면 이 근육은 자연스럽게 약해지게 된다. 그럼 똑바로 서 있어야 할 척추는 한쪽으로 기울어지게 된다. 한쪽으로 기울어지며 몸의 균형은 무너지게 된다. 그러면서 신경계, 순환계, 소화계, 비뇨계 등에 장애가 생겨 질병이 발생될 수 있다.

1) 신경

신경은 크게 중추신경계와 말초신경계로 나눌 수 있다.

(1) 중추신경 : 뇌와 척수를 말한다.

(2) 말초신경 : 자율신경, 뇌신경, 척수신경

(3) 뇌 : 뇌는 우리 인체 중에 가장 중요한 기관이다. 두부처럼 매우 부드러워 손쉽게 손상을 입을 수도 있다. 그래서 머리뼈는 돌맹이보다 더 단단하다. 그리고 머리뼈 안으로 뇌를 감싸고 있는 막이 있다. 3겹으로 되어 있는데 경막, 거미막, 연막으로 나누어져 있다. 거미막과 연막 사이에는 뇌척수 액으로 차있어 충격으로부터 뇌를 보호하고 있다. 뇌의 무게는 인간의 크기에 1/50 정도이지만 뇌에서 사용되는 산소량은 20~25% 정도이다. 그만큼 하는 일이 많다고 할 수 있다. 뇌는 약 천억개의 신경세포에서 정보를 교환하고 있다. 이들은 생각, 운동, 맛, 통증, 소화, 비뇨 등 각 신체에서 느끼고 행하는 것들의 기능을 조절하고 있다.

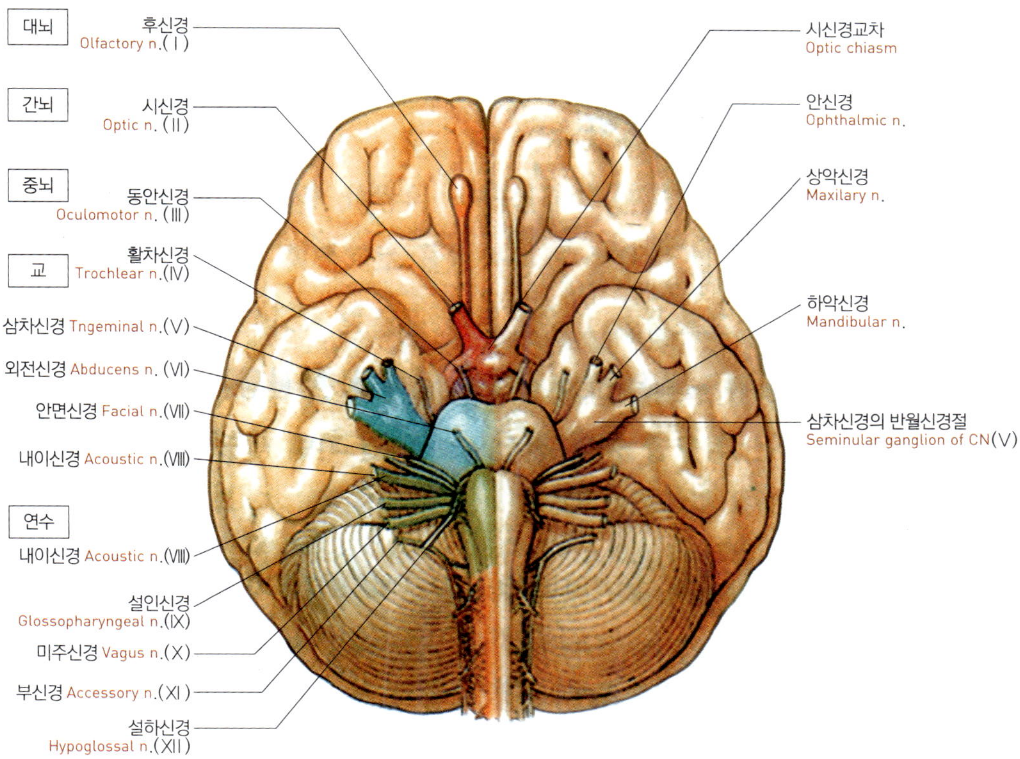

(4) 대뇌 : 사고, 언어, 감정, 기억 등을 담당한다. 인간의 뇌 전체의 75%를 차지한다.

(5) 소뇌 : 운동을 담당한다. 머리 뒤쪽에 위치하고 있다.

(6) 뇌줄기(뇌간) : 무의식적으로 생명을 유지하기 위해 일어나는 것들을 담당한다. 소화, 혈액 순환, 호흡, 하품, 제채기 등을 말한다.

(7) 뇌척수액 : 뇌 척수액은 거미막과 연막 사이에서 외부의 충격으로부터 뇌를 보호하는 작용을 하고 척추 공간을 따라 왕복을 하며 호르몬 및 노폐물을 운반하는 역할을 한다.

(8) 자율신경 : 자율신경은 교감, 부교감 신경으로 나누어진다. 서로 길항 작용을 한다.

(9) 교감신경 : 운동을 하는 신경으로 심장 박동증가, 혈관수축, 혈압상승, 호흡증가, 소화억제, 동공 확대, 방광확장 등을 돕는다.

(10) 부교감신경 : 심장박동억제, 혈관확장, 혈압감소, 호흡감소, 소화증가, 동공축소, 방광수축을 돕는다.

뇌신경- 12쌍이다.

1번 – 후각신경 – 냄새를 맡는다.

2번 – 시신경 – 보는 것을 돕는다.

3번 – 동안신경 – 안구운동을 조절한다.

4번 – 활차신경 – 안구운동을 조절한다.

5번 – 삼차신경 – 안면의 감각과 운동을 조절한다

6번 – 외전운동 – 안구운동을 조절한다.

7번 – 안면신경 – 안면근육운동을 조절하고 혀의 2/3 부위에 맛을 느낀다.

8번 – 청신경, 전정와우신경 – 청각과균형을 조절한다.

9번 – 설인신경 – 혀의 1/3 부위에 맛을 느끼고 연하운동을 촉진 시키며 이하선에 분비섬유를 제공한다.

10번 – 미주신경 – 연하운동, 소화촉진을 돕는다.

11번 – 부신경 – 승모근을 지배하여 어깨를 들어 올리는데 도움을 준다.

12번 – 설하신경 – 혀 운동을 돕는다.

척수신경 – 31쌍으로 경추에서 8쌍, 흉추에서 12쌍, 요추에서 5쌍, 천골에서 5쌍, 미골에서 1쌍이 나오고 있다. 척수 신경은 운동, 감각, 자율신경이 합해진 신경이다.

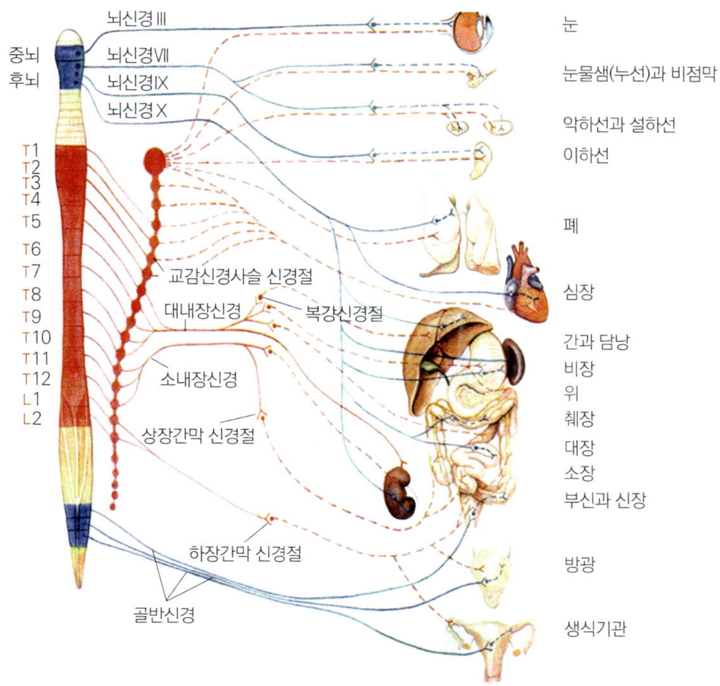

2) 순환

인체에서 순환은 크게 동맥과, 정맥, 림프로 나누어질 수 있다.

동맥은 산소와 영양소가 있는 혈액을 온몸 구석구석 보내는데 사용되어지는 관이다. 정맥은 온몸에서 사용되고 나온 혈액을 다시 심장과 폐로 돌려보내는데 사용 되는 관이다. 림프는 정맥에서 못 받아들여지는 것들을 림프관으로 옮겨와 심장과 폐로 보내지는데 사용되는 관이다.

이처럼 모든 것은 관을 통하여 운반되고 있다, 그런데 체형이 틀어지게 되면 관이 압박을 받게 되어 순환에 방해를 받게 된다. 그러면 영양, 산소공급이 줄어 해당 부위가 영양실조가 걸리게 된다.

3) 소화계

입→식도→위→소장→대장→항문

이런 순서로 음식이 분해가 되어 인체가 필요한 영양분을 흡수하게 된다. 내장은 우리의 의지가 아닌 불의지로 소화가 되고 흡수가 되고 배출이 된다. 이것은 신경의 영향을 받기 때문이다. 그런데 체형의 불균형으로 신경을 압박을 받게 되면 소화장애가 생길 수 있고 이로 인해 많은 질환이 생길 수 있다.

변 색깔로 건강 체크

- 변이 완전 시커멓다(위 출혈을 의심할 수 있다.)
- 혈변이 있다(대장 출혈을 의심할 수 있다.)
- 변이 바나나 형태가 아닌 풀어져 나온다(장 기능을 의심할 수 있다.)

소화계를 좋게 하는 운동

유산소 운동

복직근 강화운동

복사근 강화운동

복직근 아랫 부분 강화운동

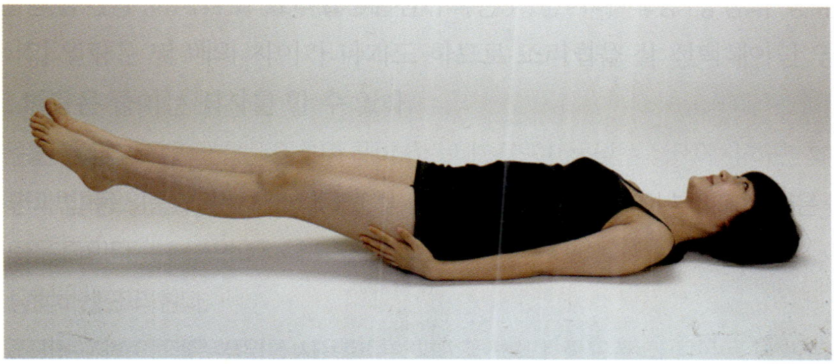

4) 비뇨계

신장 - 요관 - 방광 - 요도

신장에서는 많은 영양소를 재흡수하고 불필요한 노폐물을 내보내는 역할을 하고 있다. 그리고 요관은 노폐물이 기나가는 관이다. 방광은 소변을 저장해서 일정 양이 차면 수축 운동을 해서 요도를 통해 밖으로 내보내는 역할을 하고 있다.

체형이 불균형이 되면 신장에 문제가 될 수 있다. 신장에 문제가 발생이 되면 여러 질환이 동반될 수 있다.

소변으로 건강 체크

- 소변 색깔이 노랗다(물 섭취양이 적거나 비타민 섭취양이 많았을 때 색깔이 변할 수 있다.)
- 소변에서 거품이 일어난다(계속적으로 그러면 단백뇨를 의심 할 수 있다. 병원에서 정밀 검사를 요한다.)
- 혈뇨가 나온다(신 결석, 요로 결석 등을 의심 할 수 있다.)

신장을 좋아지게 하는 체조

대요근 스트레칭

대요근 강화운동

허리 주먹으로 두들리기

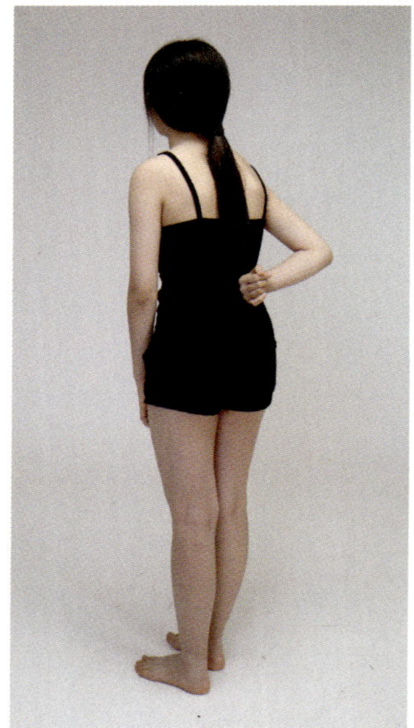

3. 자가진단

자가 진단은 자신의 시야 안에서 확인할 수 있고 자신의 손 끝이 닿는 범위 내에서 확인 할 수 있다.

옷을 탈의하고 거울 앞에 선다.

1. 얼굴을 살펴본다.(얼굴이 비대칭인가, 코가 휘어 있나, 사각턱인가, 이중턱인가를 살펴본다.)
2. 어깨 높이를 본다.(양쪽의 어깨 높이가 똑 같은가를 살펴본다.)
3. 가슴을 살펴본다.(새 가슴인지, 오목 가슴인지 등을 살펴본다.)
4. 유방을 살펴본다.(크기, 색깔, 형태 등을 살펴본다,)

5. 배꼽의 위치를 살펴본다.(배꼽이 흉골과 일직선인지를 살펴본다.)

6. 골반의 넓이를 살펴본다.(치골과 배꼽을 일직선상에 놓고 범위를 벗어 났는지를 살펴본다.)

7. 다리가 벌어져 있는지를 살펴본다.(O.X형 다리인지를 살펴본다.)

8. 슬개골을 살펴본다.(슬개골이 정면을 향하고 있는지를 살펴본다.)

9. 발바닥을 살펴본다.(발바닥이 평발인지 요족인지를 살펴본다. 서서 발바닥에 손가락을 넣어 본다. 넣어서 한마디 반이 들어가 주어야 한다.)

10. 똑바로 누워 있을 때 양 다리 발끝이 45도 정도 유지되고 있는지 살펴본다. (발끈 방향이 너무 누워도 너무 세워져도 문제의 골반 또는 고관절을 의심 할 수 있다.)

4. 체형관리에 필요한 도구들

1) 침대

일자 목과 굽은 등을 펴는데 매우 유용하게 활용된다.

2) 짐 볼

앞으로 굽은 자세 또는 측만증 등에 매우 유용하게 활용된다.

3) 밴드

약해진 근력을 강화 하는데 매우 유용하게 활용된다.

4) 봉

발바닥 지압과 족궁을 만드는데 매우 유용하게 활용된다.

5) 공

발바닥 지압과 족궁을 만드는데 매우 유용하게 활용된다.

6) 베개

허리 만곡을 만드는데 매우 유용하게 활용된다.

7) 깔창

발바닥 지압과 족궁을 만드는데 매우 유용하게 활용된다.

8) 의자

골반 균형을 잡는데 매우 유용하게 활용된다.

9) 스트레칭

종아리와 햄스트링 스트레칭에 매우 유용하게 활용된다.

10) 발목운동 도구

휜다리 교정에 매우 유용하게 활용된다.

참고 문서

인체의 구조와 기능 / 은하출판사/고일선
피부 체형관리의 실전 테크닉/이정옥 /학문사
비만관리학 / 김명순/훈민사
영양학 /최혜미/교문사
비만관리학/김은주외/구민사
피부영앙학/전세열/청담미디어
영양판정 및 실습/서정숙외/파워북
Massage & Bodywork / 박동호 / 일진사
스포츠마사지와 Body Action Therapy / 육조영 /글누림

사진모델 김채은

저자 약력

정한조 카이로프랙틱닥터(척추신경전문의)
이해영 경민대학교 뷰티스킨케어과 교수
임미라 송곡대학교 피부미용과 교수
임희정 송곡대학교 피부미용과 교수
문기복 前) 여주대학교 뷰티디자인과 교수
송숙현 화정예가 원장

체형관리학

2013년 9월 1일 초판 인쇄
2013년 9월 5일 초판 발행

저　자 정한조 이해영 임미라 임희정 문기복 송숙현
발 행 인 조규백
발 행 처 도서출판 구민사
(150-034) 서울특별시 영등포구 영등포4가 104-1번지 동서빌딩 604호
전　화 02.701.7421~2
팩　스 02.3273.9642
홈페이지 www.kuhminsa.co.kr
등　록 제14-29호(1980년 2월 4일)
I S B N 978-89-7074-788-0 93150
값 24,000원